Thomas Stoll

Dezentral gesteuerter Aufbau von Stetigförderern mittels autonomer Materialflusselemente

Wissenschaftliche Berichte des
Institutes für Fördertechnik und Logistiksysteme
des Karlsruher Instituts für Technologie
Band 78

Dezentral gesteuerter Aufbau von Stetigförderern mittels autonomer Materialflusselemente

von
Thomas Stoll

Dissertation, Karlsruher Institut für Technologie (KIT)
Fakultät für Maschinenbau, 2012
Referent: Prof. Dr.-Ing Kai Furmans
Korreferenten: Prof. Dr.-Ing. Dr. h.c. Dieter Arnold,
Prof. Dr. Dr.-Ing. Dr. h. c. Jivka Ovtcharova

Impressum

Karlsruher Institut für Technologie (KIT)
KIT Scientific Publishing
Straße am Forum 2
D-76131 Karlsruhe
www.ksp.kit.edu

KIT – Universität des Landes Baden-Württemberg und
nationales Forschungszentrum in der Helmholtz-Gemeinschaft

KIT Scientific Publishing 2012
Print on Demand

ISSN 0171-2772
ISBN 978-3-86644-866-7

Dezentral gesteuerter Aufbau von Stetigförderern mittels autonomer Materialflusselemente

Zur Erlangung des akademischen Grades eines

Doktors der Ingenieurwissenschaften

der Fakultät für Maschinenbau
des Karlsruher Instituts für Technologie (KIT)

genehmigte

Dissertation

von

Dipl.-Ing. Thomas Stoll

Tag der mündlichen Prüfung:	02. Mai 2012
Hauptreferent:	Prof. Dr.-Ing Kai Furmans
Korreferent:	Prof. Dr.-Ing. Dr. h.c. Dieter Arnold
Korreferent:	Prof. Dr. Dr.-Ing. Dr. h. c. Jivka Ovtcharova

Vorwort

Die vorliegende Arbeit entstand während meiner Tätigkeit als wissenschaftlicher Mitarbeiter am Institut für Fördertechnik und Logistiksysteme (IFL) der Universität Karlsruhe (TH).

Herrn Prof. Dr.-Ing. Kai Furmans, dem Leiter des Instituts für Fördertechnik und Logistiksysteme, möchte ich für seine Unterstützung und inspirierenden Diskussionen sehr herzlich danken.

Herrn Prof. Dr.-Ing. Dr. h. c. Dieter Arnold, danke ich sehr herzlich für die Übernahme des Korreferats und seine wertvollen Anregungen und intensive Diskussion, die ich vor und während meiner Zeit am Institut für Fördertechnik und Logistiksysteme erfahren habe.

Frau Prof. Dr. Dr.-Ing. Dr. h. c. Jivka Ovtcharova danke ich sehr herzlich für die Übernahme des Korreferats.

Prof. Dr.-Ing. habil. Georg Bretthauer, danke ich für die Übernahme des Prüfungsvorsitzes.

Meinen Kollegen und allen, die mich während der Erstellung der Arbeit unterstützt haben, danke ich herzlich. Die motivierende Arbeitsatmosphäre und der sehr gute Zusammenhalt der Kollegen untereinander haben zum Gelingen dieser Arbeit beigetragen.

Mein persönlicher Dank gilt meinen Eltern, die mich auf meinem Weg unterstützten. Mein besonderer Dank gilt meiner Frau Dr.-Ing. Judith Stoll für die liebevolle Unterstützung.

Karlsruhe, 02. Mai 2012   Thomas Stoll

Inhaltsverzeichnis

6. Algorithmen zur autonomen Konfiguration von Förderstrecken 71

7. Versuchsplanung und -aufbau 95

8. Bestimmung der Leistungsfähigkeit 127

Kurzfassung

Thomas Stoll

Dezentral gesteuerter Aufbau von Stetigförderern mittels autonomer Materialflusselemente

Heutige Materialflusssysteme werden meist für konkrete Anwendungsfälle konzipiert. Es wäre jedoch technisch möglich - und wirtschaftlich interessant - Materialflusssysteme modular auf Basis universell einsetzbarer autonomer Elemente aufzubauen und somit für unterschiedliche Anwendungsfälle einzusetzen. Eines dieser neuen Systeme ist KARIS (Kleinskaliges Autonomes Redundantes IntralogistikSystem), das auf der Idee basiert, dass baugleiche Einzelelemente Materialflussaufgaben übernehmen und diese autonom durchführen.

Ein Einzelelement kann autonom einen Ladungsträger abholen, transportieren und abgeben. Stehen komplexere Aufgaben an, so schließen sich mehrere Einzelelemente zu Funktionsclustern zusammen. Wird beispielsweise kurzzeitig ein hoher Durchsatz zwischen zwei Punkten benötigt, verbinden sich die Einzelelemente zu einem Stetigcluster und bilden somit eine temporäre Förderstrecke zwischen Quelle und Senke.

Der autonome und dezentral gesteuerte Aufbau einer Förderstrecke durch KARIS Einzelelemente war Gegenstand der Untersuchungen. In dieser Arbeit werden dezentrale Algorithmen vorgestellt, mit deren Hilfe es möglich ist, eine Förderstrecke aus KARIS Einzelelementen aufzubauen. Es konnte gezeigt werden, dass die vorgestellten dezentralen Verfahren immer eine Lösung finden, falls eine solche existiert. Die Leistungsfähigkeit der Verfahren wurde hinsichtlich der Robustheit, Aufwand und Qualität mit Ergebnissen zentraler Algorithmen verglichen.

Abstract

Thomas Stoll

Decentralized controled build of continuous conveyors by autonomous material flow elements

Today's material handling systems are usually designed for specific applications. It would be technically possible - and economically interesting - to build material handling systems based on universally deployable modular elements that can be used for different applications. One of these new systems is KARIS (small-scale autonomous redundant intralogistics system), which is based on the idea that identical single elements accept material handling tasks and perform them autonomously.

A single element can autonomously collect a cargo carrier, transport it and deliver it. To handle complex tasks, several single elements are able to form functional clusters together. If, for example, a high throughput between two points is needed for a short period of time, the single elements connect themselves to a continuous cluster and form a temporary conveying line between source and drain.

The fully autonomous and remotely-controlled build of a conveyor line by KARIS single elements has been subject of this research. Decentralized algorithms are presented enabling the automatic construction of a conveyor line by KARIS single elements. It has been shown that the presented decentralized procedure always finds a solution if one exists. The performance of this method has been compared to central algorithms in terms of robustness, complexity and quality.

1. Einleitung

Heutige Materialflusssysteme werden meist für spezielle Anwendungsfälle konzipiert und eingesetzt. Es wäre jedoch technisch möglich - und wirtschaftlich interessant - Materialflusssysteme modular auf Basis universal einsetzbarer autonomer Elemente aufzubauen und somit für unterschiedliche Anwendungsfälle einsetzen zu können.

Darüber hinaus wird es für alle Unternehmen, zunehmend auch für kleine und mittelgroße Unternehmen (KMU), immer wichtiger, den Automatisierungsgrad in ihren Logistikbereichen zu erhöhen, um die Wettbewerbsfähigkeit auch in Hochlohnländern zu sichern.

Heutige Systeme müssen die notwendige Materialflusskapazität in allen Bereichen des Unternehmens in ihrem maximalen Aufkommen vorhalten. Änderungen bedürfen meist einer aufwendigen Neuplanung. Frei gewordene Fördertechnik kann nur selten wieder verwendet werden. Eine hohe Systemverfügbarkeit eines Materialflusssystems wird durch die sehr hohe Einzelverfügbarkeit der einzelnen Systeme und Komponenten erreicht, was hohe Kosten nach sich zieht. Ein weiterer Kostentreiber ist die fehlende Serienfertigung bzw. geringe Stückzahl der Einzelsysteme eines Materialflusssystems.

Neue Materialflusstechniken müssen also preiswerter, flexibler, wiederverwertbar und einfacher in Betrieb zu nehmen sein. Dies kann z.B. erreicht werden, wenn:

- die Systemverfügbarkeit nicht mehr über die hohe Verfügbarkeit der Einzelkomponenten definiert wird, sondern über die Redundanz der Einzelsysteme,
- die Einzelfertigung durch Massenfertigung ersetzt wird,
- Systeme intelligenter werden und universeller eingesetzt werden können,

- der Aufwand für die Inbetriebnahme durch Plug and Play fähige Systeme ersetzt werden kann.

Eine der großen Herausforderungen solcher Systeme ist die Steuerung und ihre daraus resultierende Skalierbarkeit solcher Systeme. Konventionelle Systeme benötigen immer eine zentrale Instanz zur Steuerung und erfordern ein Eingreifen beim Hinzufügen bzw. Entfernen von Materialflusselementen. Ebenso ist eine Vielzahl an verteilten Sensoren notwendig, um einem zentralen System die Fähigkeit zu geben, den Ist-Zustand bzw. die globale Sicht zu erfassen und damit überhaupt die Möglichkeit zu erlangen, eine optimale Lösung bzw. einen Lösungsweg für ein solches System zu berechnen. Dies ist bei heutigen Materialflusssystemen teilweise machbar, da immer nur die Förderstrecken, Sorter, usw. in ihrem Systemzustand überwacht werden müssen und davon auszugehen ist, dass diese nicht durch Personen, Materialflusselemente oder andere Objekte behindert werden.

Für Systeme, die heute Gegenstand der Forschung sind, entstehen neue Anforderungen. Das Erlangen einer globalen Sicht ist beispielsweise bei einem solchen System - wenn überhaupt - nur durch sehr hohen Hardwareaufwand realisierbar. Die Konsequenz muss ein Umdenken sein von konventionellen hierarchisch aufgebauten Steuerungsstrukturen hin zu dezentral agierenden Systemen, die selbstlernend und leicht skalierbar sind.

Eines dieser neuen Systeme ist KARIS - Kleinskaliges Autonomes Redundantes IntralogistikSystem (siehe Kapitel 2.1), das auf der Idee basiert, dass baugleiche Einzelelemente Materialflussaufgaben übernehmen. Ein Einzelelement kann autonom einen Kleinladungsträger (KLT) abholen, transportieren und wieder abgeben. Stehen komplexere Aufgaben an, so schließen sich mehrere Einzelelemente zu Funktionsclustern zusammen. Muss beispielsweise eine Palette transportiert werden, können mehrere Elemente einen Unstetigcluster (siehe Abb. 2.1) bilden. Wird hingegen kurzzeitig ein hoher Durchsatz zwischen zwei Punkten benötigt, verbinden sich die Einzelelemente, die auf der Oberseite mit einem Förderantrieb ausgerüstet sind, zu einem Stetigcluster und bilden somit eine temporäre Förderstrecke zwischen den beiden Orten.

1.1. Forschungsleitende Fragestellungen

Ziel dieser Arbeit ist die Untersuchung der Bildung von Stetigclustern bei KARIS. Unter anderem ergeben sich hierbei folgende Fragestellungen, die im Laufe der Arbeit beantwortet werden:

1. *Kann ein dezentrales Verfahren einen Stetigcluster (Förderstrecke) aufbauen?*
   Bis heute konnte nicht gezeigt werden, ob es überhaupt möglich ist, eine Förderstrecke aus KARIS Einzelelementen aufzubauen, ohne zentrale Steuerungsstrukturen zu verwenden.

2. *Kann ein dezentrales Verfahren immer eine Lösung finden, falls eine solche existiert?*
   Ist die Frage 1. mit ja zu beantworten, so ist weiterhin nicht sichergestellt ob ein dezentrales Verfahren immer eine Lösung findet, falls diese vorhanden ist. So ist es durchaus vorstellbar, dass ein dezentrales Verfahren den Aufbau einstellt, sobald es eine Sackgasse erreicht hat, da es nur Teilwissen über seine Umgebung besitzt.

3. *Wie gut ist eine dezentral gefundene Lösung im Vergleich zu der optimalen, zentral gefundenen Lösung?*
   Falls ein dezentrales Verfahren immer eine Lösung finden, ist nicht sicher, dass dies Vorteile bietet und somit konkurrenzfähig zu einer zentralen Vorgehensweise ist.

1.2. Aufbau der Arbeit

Die Arbeit beginnt mit einem Überblick über neuartige Materialflusssysteme aus Industrie und Forschung in Kapitel 2. Nach einem Überblick über KARIS werden die aktuellen Initiativen aus Forschung und Industrie vorgestellt und mit KARIS verglichen.

Um ein besseres Problemverständnis zu erhalten, erfolgt in Kapitel 3 die exakte Beschreibung der Problemstellung zum Aufbau eines Stetigclusters. Hierzu werden unter anderem Definitionen der Umgebung, der Objekte und der möglichen Zustandsübergänge formal beschrieben.

Darauf folgt die formale Beschreibung der Problemstellung für den Aufbau eines Stetigclusters.

Als Grundlage einer dezentral verteilten Wegsuche mit dem Ziel des Aufbaus der autonomen Konfiguration einer Förderstrecke, wird auf verschiedene Algorithmen zurückgegriffen. In Kapitel 4 werden hierzu grundlegende Algorithmen zur Wegsuche beschrieben. Die gängigsten Verfahren zur Pfadsuche, zur Erkundung, sowie reaktive Verfahren beim Auftreten unerwarteter Objekte werden vorgestellt.

In Kapitel 5 wird eine Klassifizierung der Algorithmen zum dezentralen Aufbau einer Förderstrecke eingeführt. Hierbei werden drei Klassen vorgestellt, in die sich Verfahren zum dezentralen Aufbau eines Stetigcluster einteilen lassen.

Im Anschluss daran werden in Kapitel 6 zwei unterschiedliche, neuentwickelte Verfahren vorgestellt, die beide eine Förderstrecke dezentral aufbauen können. Am Ende der beiden Unterkapitel wird jeweils untersucht, ob die vorgestellten Verfahren immer eine Lösung finden, falls eine solche existiert.

Zur Bestimmung der Leistungsfähigkeit der entwickelten Verfahren war es notwendig, eine eigene Simulationsumgebung zu entwerfen, welche in Kapitel 7 vorgestellt wird. Auf das dazugehörige Modell der Simulation, die Planung der Versuche sowie die Vorgehensweise der Bewertung wird ebenfalls in Kapitel 7 eingegangen.

Die Bestimmung der Leistungsfähigkeit der in Kapitel 6 entworfenen Verfahren erfolgt in Kapitel 8. Hierzu wird die im vorherigen Kapitel beschriebene Systematik auf beide Verfahren angewandt. Ein jeweiliges Fazit gibt einen Überblick über die Leistungsfähigkeit der Verfahren.

Abschließend erfolgt in Kapitel 9 eine kurze Zusammenfassung der wichtigsten Ergebnisse und der Schlussfolgerungen aus der Arbeit.

2. Neuartige Materialflusssysteme aus Industrie und Forschung

Die großen Probleme heutiger Materialflusssysteme sind deren lange Installationszeiten und die fehlende Wandlungsfähigkeit, wie z.B. die Möglichkeit sich neuen Produktionsabläufen anzupassen oder mittels Plug&Play fähiger Fördertechnik innerhalb kürzester Zeit neue Prozess aufzubauen (Furmans et al. 2009). Um diese Lücke zu füllen, gibt es inzwischen einige Initiativen aus der Industrie und Forschung, die nachfolgend vorgestellt werden.

2.1. Das Materialflusssystem KARIS

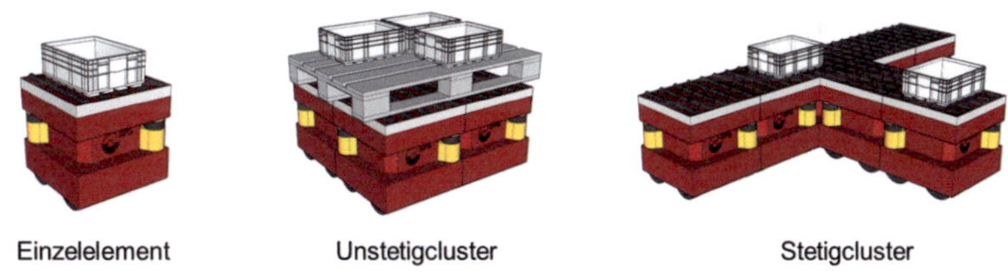

Abbildung 2.1.: Übersicht KARIS

KARIS - Kleinskaliges Autonomes Redundantes IntralogistikSystem - ist ein neuartiger Ansatz für hochflexible, dezentral gesteuerte Materialflusstechnik, bestehend aus autonom agierenden Einzelelementen, welche sich ständig ändernden Gegebenheiten, wie z.B. Änderungen in der Umgebung oder unterschiedlichsten Aufträgen, dynamisch anpassen können (Furmans et al. 2009). Der Ursprung der Idee eines dezentral gesteuerten Logistiksystems liegt im Leitgedanken ARMARDA (Autonomous Reliable Material Handling System of Aggregated Redundant Distributed Actuators; Overmeyer et al. 2007), der unter anderem am Karlsruhe Institut für Technoligie (KIT) entstand.

Herzstück von KARIS ist das Einzelelement (EE, siehe Abb. 2.2), welches aus mehreren Funktionsmodulen aufgebaut ist. Beispielsweise sind zur dezentralen Steuerung der gleichartig aufgebauten EE unter anderem Module, wie Navigation, Kommunikation oder Lokalisiation integriert. Zur Lokalisation werden Laserscanner verwendet, die eine relative Ortsbestimmung in unterschiedlichsten Umgebungen gegenüber stationären oder mobilen Objekten ermöglichen. Somit können beispielsweise dynamische Objekte (z.B. Menschen, Stapler,...) erkannt werden, um diesen selbstständig auszuweichen und im Fall einer Sicherheitsverletzung ein Notstop durchzuführen. Nach einer Orientierungsfahrt in neuen Räumen werden diese Mapping-Daten allen anderen Elementen mitgeteilt, welche durch Trassen, Sperrflächen oder Sammelstellen ergänzt werden können. Weiterhin kommen Funktionsmodule zum Einsatz, wie z.B die Fördergutidentifikation, der Fahrantrieb oder ein Human-Machine-Interface zur Interaktion mit dem Benutzer. Ziel ist ein System, welches ohne Infrastruktur auskommt, indem alle notwendigen Funktionen in jedem EE bereitgestellt werden.

Durch den gleichartigen Aufbau können Aufgaben jederzeit durch beliebige Einzelelemente übernommen und abgearbeitet werden, womit eine hohe Redundanz des Gesamtsystems erreicht wird, damit verbunden eine hohe Systemverfügbarkeit. Stehen höherwertige Aufgaben zur Bearbeitung an, können sich mehrere EE zu Funktionsclustern zusammenschließen.

Bei der Abarbeitung von Aufträgen wird hierbei prinzipiell zwischen drei Funktionsprinzipien unterschieden:

Einzeltransport Im Einzeltranport (siehe Abb 2.1, links) übernimmt das EE einen Kleinladungsträger an der Quelle und transportiert ihn zur Senke.

Unstetigcluster (UC) Durch den Zusammenschluss (siehe Abb 2.1, Mitte) mehrerer EE können Großladungsträger, von beispielsweise einer halben bis zu mehreren Europaletten, übernommen, transportiert und übergeben werden. Der UC besitzt bei der Abarbeitung der Aufgaben den gleichen Funktionsumfang und Flexibilität wie ein EE.

Stetigcluster (SC) Durch den Zusammenschluss der EE zu einem Stetigförderer können hohe Durchsätze erreicht werden. Die EE koppeln sich hierbei aneinander und sind somit in der Lage, Verzweigungen, Zusammenführungen und lange Förderstrecken zu realisieren. Wird der SC nach Abarbeitung des Auftrages nicht mehr für Anschlussaufträge benötigt, kann er spontan aufgelöst werden.

Werden die Funkionscluster nach Abarbeitung des Auftrags nicht mehr benötigt, können sich diese selbständig auflösen. Nach Abschluss eines Auftrags stehen die EE eines Funktionsclusters somit für neue Aufgaben zur Verfügung.

Der gesamte Materialfluss (siehe Abb. 2.1, rechts) eines Intralogistiksystems kann somit durch EE oder Funktionscluster abgebildet werden. In Furmans et al. (2008) und Matzka (2011) wird anhand eines Szenarios beschrieben, welche Vorteile und Einsparpotentiale sich durch KARIS ergeben können.

Abbildung 2.2.: KARIS Einzelelement

2.2. Weitere Initiativen aus der Forschung

Nachfolgend werden die Initiativen zu modularen, hochflexiblen und intelligent gesteuerten Materialflusssystemen aus der Forschung vorgestellt, die ähnliche Ideen bzw. Teilideen von KARIS aufgreifen bzw. bereits umgesetzt haben.

Armarda ARMARDA steht für Autonomous Reliable Material Handling Systems of Aggregated Redundant Distributed Actuators (Overmeyer et al. 2007). Der kollektive Grundgedanke ARMARDA von Furmans, Overmeyer und ten Hompel besteht darin, intralogistische Aufgabenstellungen mithilfe autonom agierender Materialflusskomponenten zu lösen, die dank ihrer Austauschbarkeit eine hohe Redundanz aufweisen. ARMARDA ist einer der Leitgedanken am Institut für Fördertechnik und Logistiksysteme des KIT, aus dem KARIS als eine der ersten technischen Ausprägungen hervorging.

BInE BInE - Basic Intralogistic Element - ist ein Forschungsprojekt des Instituts für Fördertechnik und Logistiksysteme des KIT und ist neben KARIS eine weitere technische Ausprägung der Idee ARMARDA. BInE ist ein Fahrzeug, das die Vorteile zweier unterschiedlicher Transportsysteme, des Stetig-, oder Unstetigförderers, miteinander verknüpft (Baur, Schönung, Stoll und Furmans 2008). Im Betrieb als Stetigförderer agiert der Topfantrieb (Baur 2008) als Rollenbahn und ist so zum kontinuierlichen Betrieb mit hohen Durchsatzleistungen geeignet (Möbius 2009). Beim Einsatz als Stetigförderer setzen sich 4 Hubspindeln auf dem Boden ab und heben das gesamte Fahrwerk an. Der Topfantrieb kann so als Förderantrieb an der Oberseite der Elemente für den Transport der Ladungsträger genutzt werden.
Wird der Topfantrieb als Fahrantrieb eingesetzt, agiert das Einzelmodul als Unstetigförderer und kann beispielsweise im Verbund von vier Fahrzeugen selbstständig eine Palette aufnehmen und transportieren. Ziel ist, dass die im Fahrzeug integrierte Steuerung und Sensorik die BInE autonom steuert.

FlexFörderer Der am KIT entwickelte Flexförderer (von: flexibles Fördersystem) ist ein flexibles Materialflusssystem, das aus baugleichen, quadratischen Stetigförderern besteht, welche jeweils mit optischen Sensoren, Antriebstechnik, einem RFID-Lesegerät und einer Steuereinheit ausgestattet sind (Mayer 2009). Da das System aus identisch aufgebauten, autonomen und dezentral gesteuerten Modulen besteht, welche nicht ortsfest installiert werden müssen, kann das System bedarfsabhängig im Raum verschoben werden. Basierend auf der Verbindungsstruktur der Kommunikationsschnittstelle zwischen den Modulen (Stoll et al. 2008), können diese selbständig Topologielandkarten in Form von Routingtabellen erzeugen, Kollisionen oder Deadlocks vermeiden, selbständig Ladungsträger zum nächsten Modul transportieren sowie eigenständig die Einschleusung von Fördereinheiten regulieren und für einen möglichst hohen Durchsatz sorgen (Mayer 2009). Ähnlich dem LEGO©-Prinzip kann somit erstmals Fördertechnik nach Bedarf zusammen- und umgesteckt werden, ohne hierfür spezielle Vorkenntnisse zu besitzen.

Internet der Dinge Das Internet der Dinge ("Internet of Things") meint die Idee, physische Objekte in einer Internet ähnlichen Struktur abzubilden, um somit den Objekten ("Things") die Möglichkeit zur Interaktion zu geben. Die Idee geht zurück auf Kevin Ashton vom Auto-ID Center des Massachusetts Institute of Technology (MIT), der 1999 die Idee erstmals beschrieb (Ashton 2009). Am Institut für Materialflusslehre (IML) in Dortmund wurde diese Idee weiterentwickelt und auf dem Bereich der Logistik und Fördertechnik adaptiert. Laut Bullinger und ten Hompel (2007) meint das Internet der Dinge die Idee, im Bereich der Logistik mehr Daten als zur Identifikation notwendig sind auf einem RFID-Tag eines Ladungsträger zu speichern, um es ihm somit zu ermöglichen, selbständig einen Weg durch inner- und außerbetriebliche Netze zu finden. Je nach Qualität der Informationen, der vorhanden Sensorik und Aktorik kann somit der Materialfluss eigenständig durch intelligente Knoten/Agenten gesteuert werden.

MATVAR MATVAR (Günthner 2000) - MMaterialflusssysteme für variable Fertigungssegmente im dynamischen Produktionsumfeldíst ein Verbundforschungsprojekt des Programms - Produktion 2000 - dessen

Zielsetzung unter anderem darin besteht, durch den modularen Aufbau des flexiblen Materialflusssystems kleinere und mittlere Unternehmen bei der Sicherung einer flexiblen Produktion zu unterstützen. Dabei kommen sowohl Hardware- und Softwarekomponenten zum Einsatz. Die Topologie des auf einer Elektrohängebahn basierenden Ansatzes eines dezentral gesteuerten Materialflusssystems ist zentral gespeichert. Es handelt sich um eine Realisierung der Grundidee des Internets der Dinge (Bullinger und ten Hompel 2007). Durch den Einsatz einer Kombination aus EHB und Hängekrane ist jeder Ort im Produktionsumfeld erreichbar. Die Fahrzeuge der Elektrohängebahn steuern Hängekrane an, die sie mit dem Fördergut zu den gewünschten Zielorten fahren.

Multishuttle Move Das von Dematic und Fraunhofer IML entwickelte Multishuttle Move ist eine der jüngsten technischen Ausprägungen des Leitgedanken ARMARDA. Aufbauend auf dem MultiShuttle wurde das MultiShuttle Move unter anderem mit einem Fahrwerk und einem Navigationssystem ausgestattet, welches eine Lokalisierung ohne Leitlinien oder andere ortsfeste Markierungen ermöglicht. Es kann entsprechend dem MultiShuttle Lageraufgaben, sowie zusätzlich innerbetriebliche Transportprozesse (z.B. Lagervorzone) übernehmen. Ein Multishuttle Move Element ist in der Lage sich frei entlang der Lagergassen und -ebenen zu bewegen, beziehungsweise verbindet diese. (Piazza 2010). Der Betrieb ist auf räumlich abgegrenzten Bereichen beschränkt. Die Fahrzeit ohne Nachladen beträgt bis zu 2,5 Stunden. Das Multishuttle Move weist die Abmaße von 1135mm x 706mm x 350mm (LxBxH) auf, hat eine Eigengewicht von 134 kg und eine Nutzlast von bis zu 40 kg.

2.3. Initiativen aus der Industrie

Nachfolgend werden die Initiativen zu modularen, hochflexiblen und intelligent gesteuerten Materialflusssystemen aus der Industrie vorgestellt, die heute bereits am Markt verfügbar sind und teilweise bereits große Installationen vorzuweisen haben.

ADAM ADAM, das vom Hersteller RMT Robotics[6] entwickelte autonome Gütertransportsystem steht für Autonomous Delivery And Manipulation. Das System ist vornehmlich für den Einsatz in Produktion und Lagerhaltung gedacht. Im Gegensatz zu KARIS wird ADAM zentral gesteuert, kann allerdings auch frei navigieren und sich in seiner Arbeitsumgebung unabhängig bewegen. Den Weg berechnet jedes Element jedoch selber und ist in der Lage, sich jeder Umgebung dynamisch anzupassen. Um die Holonomität (Czichos und Hennecke 2008) des Systems sicher zu stellen, sitzt der Schwerpunkt sehr niedrig und die auf einem Polygon mit acht Ecken montierten Räder können zur Gewährleistung eines hohen Freiheitsgrades an Bewegung angesteuert werden. Ausgestattet mit einem Laser-Messsystem und Bewegungssensoren kann ADAM durch seine On-Board-Steuerung Objekten selbständig ausweichen. Eine Aufnahme der Umgebung und Programmierung muss mit einem Element durchgeführt werden, welches die Information anschließend an die restlichen Elemente verteilt. Die Höchstgeschwindigkeit liegt bei 1,5 m/s. Die Nutzlast von ADAM beträgt 150 kg.

AutoStore Autostore ist ein gassenloses, hochdynamisches und hochdichtes Behälterlagersystem des norwegischen Herstellers Hatteland Logistics[7]. Basierend auf der Größe der Basistransporteinheit (KLT 600x400) wird eine Aluminumkonstruktion (Raster) aufgebaut, welches die horizontale und vertikal Speicherung von KLT zulässt. Auf der Oberseite des Rasters fahren Roboter, die jeweils den obersten KLT eines vertikalen Stapels auslagern bzw. einen neuen Behälter dort einlagern können. Bei Ausfall eines Roboters ist dieser in der Lage, selbständig einen Ersatz anzufordern, der seine Aufgaben übernimmt. Durch die direkte Aneinanderreihung und Stapelung von KLTs kann eine sehr hohe Packungsdichte erzielt werden. Zur Anpassung an räumliche Gegebenheiten können beispielsweise Stapel ausgelassen werden, um Stützen zu umbauen.

Kiva Mobile Fulfillment Das Mobile Fulfillment System von Kiva Systems[8] wird in Distributionszentren zum Kommissionieren von Ware ein-

---

[6]http://www.rmtrobotics.com/
[7]http://www.hatteland.com/
[8]http://www.kivasystems.com/

gesetzt. Es hat einen weitaus höheren Grad an Flexibilität als konventionelle Lager-, Förder- und Kommissioniertechnik (Guizzo 2008). Mobile Roboter transportieren innerhalb einer Lagerhalle Regaleinheiten zum Kommissionierer. Zur Lokalisation wird eine Kombination aus Odometrie, optischen Bodenmarken (2-D Barcodes) und Kameras verwendet. Durch optische Erkennung ist eine globale Positionsbestimmung möglich, wenn der Roboter sich auf einer Bodenmarke befindet. Das bisher größte installierte System umfasst 500 Roboter von Staples in Chambersburg, Pennsylvania.

2.4. Gegenüberstellung der verschiedenen Materialflusssysteme

In Tabelle 2.1 wird KARIS im Vergleich zu verschiedenen neuartigen Materialflusssystemen aus Forschung und Industrie dargestellt.

	ADAM	Kiva Mobile	MultS. Move	Flex Förderer	KARIS
Freie Navigation	+	-	+	nv	+
Infrastrukturfrei	-	-	-	+	+
Bildung Funktionsclustern	-	-	-	-	+
Förder-/Werkzeugaufsätze	+	-	+ -	+ -	+
dezentrale Steuerung	-	-	-	+	+

nv: nicht verfügbar;

Tabelle 2.1.: Gegenüberstellung modularer, autonomer Materialflusssysteme

3. Problemabgrenzung

Um ein besseres Verständnis für die exakte Problemabgrenzung zu erhalten, werden nachfolgend die KARIS Umgebung mit ihren Objekten und deren Einschränkungen, sowie die notwendigen Abbildungsfunktionen beschrieben. Zur Darstellung eines veränderlichen Systems und zur Beschreibung der daraus resultierenden Zustände werden aufbauend auf LaValle (2006) der Zustandsraum, die Zustandsübergangsfunktion und die Aktionen sowie der dazugehörige Aktionsraum definiert. Im weiteren werden die Problemstellungen, die sich beim Aufbau einer Förderstrecke mittels KARIS ergeben, dargestellt.

3.1. KARIS Umgebung

Zur Beschreibung eines KARIS Systems wird in Definition 1 Φ eingeführt, die eine konkrete KARIS-Umgebung aller KARIS-Umgebungen beschreibt.

Definition 1 (KARIS Umgebung). Sei $\Phi = (Q, S, EE, DH, SH, \mathcal{K}, \mathcal{Z}, \mathcal{A}, \psi)$ eine KARIS Umgebung aus allen möglichen KARIS Umgebungen.

$\mathcal{K}$ (Karte)	Q (Quellen)
S (Senken)	EE (Einzelelemente)
DH (Dynamische Hindernisse)	SH (Statische Hindernisse)
$\mathcal{Z}$ (Zustandsraum)	$\mathcal{A}$ (Aktionen)
ψ (Zustandsübergangsfunktion)	

Eine KARIS-Umgebung besteht aus folgenden Objekten: der Grundriss des Einsatzgebiets wird durch eine Karte dargestellt. Quellen, Senken, und statische Hindernisse sind unbewegliche Objekte. Ihre Position wird einmalig zu Beginn, im Bezug zur Karte, festgelegt und ändert sich zur Laufzeit nicht. Einzelelemente und dynamische Hindernisse gehören zur Gruppe der beweglichen Objekte. Die konkrete Verteilung aller beweglichen Objekte zu einem Zeitpunkt wird durch einen Zustand modelliert. Die Menge aller möglichen Verteilungen auf der Karte wird dann von einem Zustandsraum beschrieben. Alle möglichen Interaktionen der beweglichen Objekte mit ihrer Umgebung werden im Aktionsraum zusammengefasst und die Zustandsübergangsfunktion wird für einen konkreten Zustand und eine konkrete Aktion des Folgezustandes berechnet. Jedes Objekt befindet sich in jedem Zustand auf genau einem Punkt der Karte. Da wir auch bewegliche Objekte betrachten, ist der Zustand von entscheidender Bedeutung bei der Bestimmung der momentanen Position eines Objekts.

Definition 2 (Koordinatenabbildung)**.** Für alle Objekte $O = Q \cup S \cup EE \cup DH \cup SH$ in Φ existiert die Abbildungsfunktion $\theta\colon O \times \mathcal{Z} \to \mathbb{Z} \times \mathbb{Z}$. Sie bildet jedes Objekt $o \in O$ in einem Zustand $z \in \mathcal{Z}$ auf Koordinaten (x, y) ab.

Unsere Definition erlaubt auch "unsinnige" KARIS-Umgebungen. Zum Beispiel können sich zwei Objekte zum gleichen Zeitpunkt an der selben Position aufhalten. In der Praxis würde das bedeuten, dass man Einzelelemente "stapeln" kann. Im Folgenden sollen daher nur "sinnvolle" KARIS-Umgebungen betrachtet werden. Hierfür werden Einschränkungen zu den allgemeinen Definitionen formuliert. Das "Stapel"-Problem können wir somit durch folgende Definition ausschließen:

Einschränkung 1. Für alle Objekte O soll weiterhin gelten $o, o' \in O: \theta(o, z) = \theta(o', z) \Rightarrow o = o'$. Sind zwei Objekte im gleichen Zustand an der selben Position, handelt es sich um ein- und dasselbe Objekt, woraus folgt, dass zwei unterschiedliche Objekte nie im gleichen Zustand an der selben Position sein können.

Da die Position von statischen Objekten einmalig zu Beginn festgelegt wird und sich danach nicht mehr ändert, können wir den Zustand bei der Koordinatenabbildung von statischen Objekten vernachlässigen. Daraus kann direkt Einschränkung 2 abgeleitet werden.

Einschränkung 2. Sei $o \in SO = Q \cup S \cup SH$ ein statisches Objekt. Dann gilt $\theta(o, z) = \theta(o, z')$ $\quad \forall z, z' \in \mathcal{Z}$. Als Vereinfachung von θ für statische Objekte kann angenommen werden $\theta \colon SO \to \mathbb{Z} \times \mathbb{Z}$.

3.1.1. Karte

Das Einsatzgebiet wird durch eine Karte beschrieben. Dazu verwenden wir einen Gridgraph aus befahrbaren und nicht befahrbaren Feldern, wobei jedes Feld durch seine Koordinaten beschrieben wird. Auf befahrbahren Feldern kann ein dynamisches Objekt platziert werden, nicht befahrbare Felder sind immer durch statische Objekte belegt.

Definition 3 (Karte). Eine Karte $\mathcal{K} = (BF, NBF)$ ist in der KARIS-Umgebung Φ wie folgt definiert:

- Jedes Feld einer Karte $\mathcal{K}$ ist durch sein Koordinatenpaar $(x, y) \in (\mathbb{Z} \times \mathbb{Z})$ definiert
- $BF \in \mathcal{P}(\mathbb{Z} \times \mathbb{Z})$ (Befahrbare Felder)
  - $bf \in BF = \{bf_1, bf_2, \ldots, bf_n\}$ ist ein Koordinatenpaar aus der Menge der befahrbaren Felder
- $NBF \in \mathcal{P}(\mathbb{Z} \times \mathbb{Z})$ (Nicht befahrbare Felder)
  - $nbf \in NBF = \{nbf_1, nbf_2, \ldots, nbf_n\}$ ist ein Koordinatenpaar aus der Menge der nicht befahrbaren Felder

In einem Gridgraph gibt es zwei Arten von Nachbarfeldern eines Feldes f, und zwar die Menge NF_f der acht benachbarten Felder und die Menge $DNF_f \subset NF_f$ der vier direkten Nachbarn. Diese seien wie folgt definiert:

Definition 4 (Nachbarschaft). Zwei Felder $f, f' \in \mathbb{Z} \times \mathbb{Z}$ heißen *Nachbarfelder* genau dann, wenn gilt:

$$f' \in NF_f = \{(x_f + \Delta x, y_f + \Delta y) | \forall \Delta x, \forall \Delta y \in \{-1, 0, 1\} \wedge$$
$$(x_f + \Delta x, y_f + \Delta y) \neq (x_f, y_f)\}$$

Zwei Felder $f, f' \in \mathbb{Z} \times \mathbb{Z}$ heißen *direkte Nachbarfelder* genau dann, wenn gilt:

$$f' \in DNF_f = \{(x_f + \Delta x, y_f + \Delta y) | \forall \Delta x, \forall \Delta y \in \{-1, 0, 1\} \wedge$$
$$(x_f + \Delta x, y_f + \Delta y) \neq (x_f, y_f) \wedge$$
$$|\Delta x| + |\Delta y| = 1\}$$

Ein Pfad zwischen zwei Feldern (z.B. der Pfad zwischen einer Quelle und eine Senke) wird wie folgt definiert:

Definition 5 (Pfad). Ein Pfad P wird durch eine Menge von befahrbaren Feldern $\{p_1, p_2, \ldots, p_n\} \subseteq BF$ definiert und hat folgende Eigenschaften zu erfüllen:

$$\forall p_i, p_{i+1} \in P \colon p_i \in DNF_{p_{i+1}}$$

Ein solcher Pfad P $= \{p_1, p_2, \ldots, p_n\}$ zwischen zwei Feldern $f, f' \in \mathbb{Z} \times \mathbb{Z}$ existiert genau dann, wenn gilt:

$$p_1 \in DNF_f \wedge p_n \in DNF_{f'}$$

Ein Pfad existiert zwar nur auf begehbaren Feldern, muss aber nicht notwendigerweise vollständig befahrbar sein. So ist ein Pfad nicht vollständig befahrbar, wenn z.B. Einzelelemente oder dynamische Hindernisse auf ihm platziert sind.

Definition 6 (Blockierter Pfad). Ein Pfad $P = \{p_1, \ldots, p_n\}$ im Zustand $z \in \mathcal{Z}$ heißt

- *elementblockiert*, wenn gilt: $\exists ee \in EE \wedge \exists p_i \in P : \theta(ee, z) = p_i$
- *hindernisblockiert*, wenn gilt: $\exists dh \in DH \wedge \exists p_i \in P : \theta(dh, z) = p_i$
- *blockiert*, wenn er element- oder hindernisblockiert ist
- *frei* oder *vollständig befahrbar*, wenn er nicht blockiert ist

Eine Karte $\mathcal{K}$ muss nicht notwendigerweise sinnvoll sein, deshalb sind noch folgende Einschränkungen definiert:

Einschränkung 3. Für eine Karte $\mathcal{K}$ muss gelten:

- $BF \cap NBF = \emptyset$ (ein Feld ist entweder befahrbar oder nicht befahrbar)
- BF, NBF sind endliche Mengen
- $BF \neq \emptyset \wedge NBF \neq \emptyset$
- Für alle $bf_i, bf_j \in BF$ existiert ein Pfad P zwischen bf_i und bf_j oder $bf_j \in DNF_{bf_i}$

In der Intralogistik bewegen wir uns immer innerhalb eines Betriebsgeländes; daher können wir nachfolgende Einschränkung 4 treffen, die aussagt, dass eine Karte immer von nicht befahrbaren Feldern (i.A. Wände, Zäune,..) umschlossen ist. Voraussetzung dafür ist, dass Einschränkung 3 gilt.

Einschränkung 4. Für jedes $bf \in BF$ existieren immer alle Nachbarn der Menge NF_{bf} und für alle $nf \in NF_{bf}$ gilt:

- $nf \in BF$ oder
- $nf \in NBF$

3.1.2. Quellen und Senken

Quellen und Senken sind Start- bzw. Zielpunkt für Warenflüsse.

Definition 7 (Quellen und Senken). Seien Q alle Quellen und S alle Senken einer KARIS-Umgebung Φ mit:

- $q \in Q = \{q_1, q_2, \ldots, q_m\}$ sei eine Quelle der KARIS-Umgebung Φ.
- $s \in S = \{s_1, s_2, \ldots, s_n\}$ sei eine Senke der KARIS-Umgebung Φ.

Die Position einer Quelle bzw. Senke wird zu Beginn festgelegt und ist nicht veränderlich, daher wird sie auf nicht befahrbaren Feldern abgebildet. Soll die Position der Quellen bzw. Senken verändert werden, wird eine neue KARIS-Umgebung Φ' erzeugt. Weiterhin müssen in jeder KARIS-Umgebung mindestens eine Quelle und eine Senke existieren, die über einen zulässigen Pfad verbunden sind.

Einschränkung 5. Für alle Quellen $q \in Q$ und Senken $s \in S$ muss gelten:

- $\theta(q) \in NBF \wedge \theta(s) \in NBF$
- $Q \neq \emptyset \wedge S \neq \emptyset$
- Für jede Quelle $q \in Q$ existiert ein befahrbares Feld $bf \in BF$ so dass gilt: $q \in DNF_{bf}$
- Für jede Senke $s \in S$ existiert ein befahrbares Feld $bf \in BF$ so dass gilt: $s \in DNF_{bf}$

3.1.3. Einzelelemente

Einzelelemente sind für den Transport von Gütern bzw. Waren zuständig und werden wie folgt definiert:

Definition 8 (Einzelelemente). Seien EE alle Einzelelemente einer KARIS-Umgebung Φ mit:

- $ee \in EE = \{ee_1, ee_2, \ldots, ee_n\}$ ist ein Einzelelement der KARIS-Umgebung Φ.

Als bewegliche Objekte dürfen Einzelelemente nur auf befahrbaren Feldern platziert werden.

Einschränkung 6. Für alle Einzelelemente $ee \in EE$ gilt:

- $\theta(ee, z) \in BF$

3.1.4. Dynamische Hindernisse

Bei dynamischen Hindernissen handelt es sich um bewegliche Objekte, die den Betrieb von Einzelelementen stören. Diese können zum Beispiel Personen sein, die sich durch das Einsatzgebiet bewegen, oder Paletten, die befahrbare Felder blockieren.

Definition 9 (Dynamische Hindernisse). Seien DH alle dynamischen Hindernisse einer KARIS-Umgebung Φ mit:

- $dh \in DH = \{dh_1, dh_2, \ldots, dh_n\}$ ist ein dynamisches Hindernis der KARIS-Umgebung Φ.

Die Bewegungsmuster von dynamischen Hindernissen werden nicht näher spezifiziert. Sie dürfen jedoch nur auf befahrbaren Feldern platziert werden.

Einschränkung 7. Für alle Dynamische Hindernisse $dh \in DH$ gilt:

- $\theta(dh, z) \in BF$

3.1.5. Statische Hindernisse

Statische Hindernisse sind alle Objekte, deren Position nicht bzw. nur in sehr großen Abständen zeitveränderlich sind (dann muss eine neue Karte erzeugt werden) und die gleichzeitig keine Quellen bzw. Senken sind. Statische Hindernisse können z.B. Wände, Zäune, fest installierte Regale oder Produktionsanlagen sein.

Definition 10 (Statische Hindernisse). Seien SH alle statischen Hindernisse einer KARIS-Umgebung Φ mit:

- $sh \in SH = \{sh_1, sh_2, \ldots, sh_n\}$ ist ein statisches Hindernisse der KARIS-Umgebung Φ.

Da die Position statischer Hindernisse nicht geändert wird, befinden sie sich immer auf einem nicht befahrbaren Feld.

Einschränkung 8. Für alle statischen Hindernisse $sh \in SH$ gilt:

- $\theta(sh) \in NBF$

3.1.6. Zustandsraum

Auf einer Karte $\mathcal{K}$ existieren nur $|BF|$ Positionen, auf denen sich $|EE|$ Einzelelemente und $|DH|$ dynamische Hindernisse zu in einem bestimmten Zustand aufhalten können. Somit kann eine endliche Karte durch einen endlichen Automaten mit $\binom{|BF|}{|EE|+|DH|}$ Zuständen beschrieben werden. Der entsprechende Zustandsraum ist wie folgt definiert:

Definition 11 (Zustandsraum). Sei $\mathcal{Z} \subseteq (\mathbb{Z} \times \mathbb{Z})^{|EE|+|DH|}$ der Zustandsraum einer KARIS-Umgebung Φ mit:

- $z \in \mathcal{Z} = \{z_1, z_2, \ldots, z_n\}$ ist ein Zustand der KARIS-Umgebung Φ
- $z = ((x,y)_{ee_1}, (x,y)_{ee_2}, \ldots, (x,y)_{ee_n},$
  $(x,y)_{dh_1}, (x,y)_{dh_2}, \ldots, (x,y)_{dh_k})$

Dabei sind die Koordinaten von zwei Positionen in einem Zustand jeweils paarweise ungleich.

3.1.7. Aktionen

Um den Zustand $z \in \mathcal{Z}$ zu verlassen, müssen Einzelelemente oder dynamische Hindernisse Aktionen ausführen, die im Zustand z gültig sind. Die Menge der gültigen Aktionen für zwei Zustände $z, z' \in \mathcal{Z}$ mit $z \neq z'$ muss nicht notwendigerweise disjunkt sein. Zum Beispiel können Bewegungsaktionen häufig auf mehrere Zustände angewandt werden. So ergibt sich für Aktionen folgende Definition:

Definition 12 (Aktionen). Sei $ea \in E\mathcal{A}$ eine Einzelaktion (Aktion eines ee) und sei $\mathcal{A} \subseteq E\mathcal{A}^{|EE|+|DH|}$ die Menge aller Aktionen einer KARIS-Umgebung Φ mit:

- $a \in \mathcal{A} = \{a_1, a_2, \ldots, a_n\}$ ist eine Aktion der KARIS-Umgebung Φ
- $a = (ea_{ee_1}, ea_{ee_2}, \ldots, ea_{ee_n}, ea_{dh_1}, ea_{dh_2}, \ldots, ea_{dh_k})$

Dann ist $G\mathcal{A}(z) \subseteq \mathcal{A}$ die Menge der gültigen Aktionen im Zustand z.

Jedes Einzelelement ee muss entsprechend einer vordefinierten Strategie τ (Definition 13) entscheiden, welche Einzelaktion ea im Zustand z sinnvoll und zulässig ist. In der Regel kennt das Einzelelement ee nicht die Positionen aller Einzelelemente und dynamischen Hindernisse und kann z nur abschätzen.

Definition 13 (Aktionsabbildung). Sei τ die Entscheidungsfunktion $\tau \colon \mathcal{Z} \times EE \to EA$ für eine Einzelaktion ea eines Einzelelements ee in einem Zustand z.

3.1.8. Zustandsübergangsfunktion

Die Zustandsübergangsfunktion ermöglicht die Überführung von einem Zustand z in einen Folgezustand z' unter Verwendung von Aktion a

Definition 14 (Zustandsübergangsfunktion). Sei $\psi : \mathcal{Z} \times \mathcal{A} \to \mathcal{Z}$ die Zustandsübergangsfunktion. So ist $\psi(z, a) = z'$ mit $z, z' \in \mathcal{Z}$ und $a \in G\mathcal{A}$.

Eine Bewegung kann durch eine Folge von gültigen Aktionen beginnend in einem Anfangszustand $z_0 \in \mathcal{Z}$ wie folgt beschrieben werden:

Definition 15 (Zustandsfolge). Seien $\pi_n = (a_1, a_2, \ldots, a_n)$ eine Folge von n Aktionen und $z_0 \in \mathcal{Z}$ ein Anfangszustand. Mit Hilfe der Zustandsübergangsfunktion ψ lässt sich aus π_n und z_0 die Zustandsfolge $(z_0, z_1, \ldots, z_n)$ ableiten.

3.2. Problemstellungen

Der Aufbau einer Förderstrecke führt zu mehreren Fragestellungen, die im Folgenden beschrieben werden. Hierzu sind weitere Definitionen für Kosten, Optimalität sowie die Definition einer Förderstrecke einzuführen.

3.2.1. Bewegungsproblem

Als erstes wird das Bewegungsproblem für *ein* Einzelelemente auf einer beliebigen Karte formuliert. Dazu wird ein Anfangszustand z_0 und ein Endzustand z_n definiert. Eine Zustandsfolge ist gültig, wenn das Einzelelement die gewünschte Startposition z_0 einnimmt und nach der Aktionsfolge π_n den gültigen Endzustand z_n erreicht.

Problemstellung (Bewegungsproblem). Gesucht: eine gültige Aktionsfolge π_n, deren abgeleitete Zustandsfolge $(z_1, z_2, \ldots, z_n, z_{n+1})$ folgende Eigenschaften hat:

- $z_0 \in \mathcal{Z}_A$ der erste Zustand ist ein gültiger Anfangszustand
- $z_n \in \mathcal{Z}_E$ der letzte Zustand ist ein gültiger Endzustand

3.2.2. Kostenfunktion

Meistens werden Pfade mit bestimmten Eigenschaften gesucht, wie zum Beispiel der kürzeste Weg zwischen der Start- und Endposition. Eine Möglichkeit zur Bewertung von Aktionsfolgen ist die Bewertung jeder einzelnen Aktion durch eine Kostenfunktion.

Definition 16 (Kostenfunktion). Sei $c(z, a)$ mit $z \in \mathcal{Z}$ und $a \in G\mathcal{A}(z)$ die Kostenfunktion für eine Aktion im Zustand z.

Außerdem können Strafkosten definiert werden, falls eine Aktionsfolge nicht in einem gewünschten Endzustand endet.

Definition 17 (Strafkostenfunktion). Die Funktion

$$c_S(z) = \begin{cases} 0, & z \in \mathcal{Z}_E \\ \infty, & z \notin \mathcal{Z}_E \end{cases}$$

berechnet die Strafkosten für einen Zustand, der nicht in der Menge der Endzustände $\mathcal{Z}_E$ liegt.

Somit kann die allgemeine Kostenfunktion C, die eine beliebige Aktionsfolge bewertet, definiert werden.

Definition 18 (Allgemeine Kostenfunktion)**.** Die Funktion

$$C(\pi_n) = \sum_{i=0}^{n} c(z_i, a_{i+1}) + c_S(z_n)$$

berechnet die Kosten für alle Aktionen der Aktionsfolge $\pi_n = (a_1, \ldots, a_n)$.

Eine Lösung wird als optimal angesehen, wenn folgende Bedingung erfüllt ist:

Definition 19 (Optimalität)**.** Eine Lösung bzw. Aktionsfolge π heißt *optimal* genau dann, wenn gilt:

$$\nexists \pi' : C(\pi') < C(\pi)$$

Beispiel: Kürzester Pfad

Der zurückgelegte Pfad eines Einzelelements ee verlängert sich jedes mal, wenn dieses Einzelelement eine Bewegungsaktion ausführt. Damit kann die Kostenfunktion für eine Aktion wie folgt definiert werden:

$$c(z, a) = \begin{cases} 1 & ee \text{ führt eine Bewegungsaktion aus} \\ 0 & \text{sonst} \end{cases}$$

Außerdem werden Strafkosten addiert, falls der erste Zustand kein Anfangszustand ist oder der letzte Zustand kein Endzustand. Damit gilt auch hier die Aussage: es gibt keinen kürzeren Pfad als π genau dann, wenn gilt $\nexists \pi' : C(\pi') < C(\pi)$.

3.2.3. Förderstrecke

Eine Gruppe von Einzelelementen kann einen Stetigförderer zwischen einer Quelle und einer Senke aufbauen. Dazu muss mindestens ein Pfad zwischen der Quelle und der Senke mit Einzelelementen überdeckt werden.

Definition 20 (Förderstrecke). Ein Pfad P im Zustand $z \in \mathcal{Z}$ heißt Förderstrecke genau dann, wenn für alle $p \in P$ ein Einzelelement $ee \in EE$ existiert, für das gilt $\theta(ee, z) = p$.

Dies führt zur eigentlichen Problemstellung: existiert eine Aktionsfolge π für eine Gruppe von Einzelelementen, um aus einem Anfangszustand z_0 heraus eine Förderstrecke zwischen einer Quelle q und einer Senke s aufzubauen?

Problemstellung (Aufbau Förderstrecke). Sei $z_0 \in \mathcal{Z}$ ein Anfangszustand, $q \in Q$ eine Quelle und $s \in S$ eine Senke. Suche ein π_n so dass in z_n eine Förderstrecke zwischen s und q existiert.

3.2.4. Entscheidung der Folgeaktion

In der Praxis ist die Berechnung von π auf großen Karten sehr aufwändig. Außerdem ist es nicht sinnvoll, für jeden Anfangszustand $z_0 \in \mathcal{Z}$ eine Aktionsfolge π zu berechnen. Es reicht aus, für einen Zustand $z \in \mathcal{Z}$ die Aktion $a \in G\mathcal{A}$ zu kennen, die am meisten zur Problemlösung beträgt.

KARIS ist jedoch ein dezentrales System, in dem jedes $ee \in EE$ selbstständig eine Entscheidung treffen muss und nicht notwendigerweise den exakten Zustand des Gesamtsystems kennt. Somit benötigt man eine möglichst gute Entscheidungsstrategie τ, so dass die Summe der

Einzelentscheidungen aller Einzelelemente $(\tau(z_0, ee_1), \tau(z_0, ee_2), \ldots,$ $\tau(z_0, ee_n))$ vereinigt mit den Aktionen der dynamischen Hindernisse $(ea_{dh_1}, ea_{dh_2}, \ldots, ea_{dh_k})$ genau so gut oder nur minimal schlechter ist als die beste Aktion $a \in G\mathcal{A}(z_0)$.

Problemstellung (Entscheidung der Folgeaktion). Sei $q \in Q$ eine Quelle und $s \in S$ eine Senke in Φ. Weiterhin existiert mindestens ein Pfad P zwischen q und s. Gesucht ist eine Entscheidungsfunktion τ, die für einen beliebigen Anfangszustand $z_0 \in \mathcal{Z}$ eine Aktionsfolge π_n erzeugt, so dass in z_n eine Förderstrecke zwischen s und q existiert mit $\pi_n = (a_1, a_2, \ldots, a_n)$ wobei jede Aktion a wie folgt aufgebaut ist.

$$a_i = (ea_{ee_1}, ea_{ee_2}, \ldots, ea_{ee_n}, ea_{dh_1}, ea_{dh_2}, \ldots, ea_{dh_k})$$
$$= (\tau(z_{i-1}, ee_1), \tau(z_{i-1}, ee_2), \ldots, \tau(z_{i-1}, ee_n), ea_{dh_1}, ea_{dh_2}, \ldots, ea_{dh_k})$$

4. Grundlegende Algorithmen zum Aufbau einer Förderstrecke

In Kapitel 4 werden Verfahrensweisen und Algorithmen vorgestellt, die heute in verschiedenen Bereichen der Pfadplanung und der Erkundung von unbekannten Gebieten, z.B. in der Robotik, Touren- und Routenplanung oder der Planung von Netzen, verwendet werden. Die im Anschluss vorgestellten reaktiven Verfahren werden vorwiegend im Bereich der Robotik eingesetzt.

4.1. Verfahren zur Pfadsuche

Die im Folgenden beschriebenen zentralen Suchalgorithmen liefern stets den optimalen Pfad zwischen zwei Knoten, sofern dieser existiert. Bei dem Problem der kürzesten Pfade ist ein gewichteter, gerichteter Graph $G = (V, E)$ mit einer Gewichtsfunktion $w : E \rightarrow R$ gegeben. Das Gewicht eines Pfades $p = \langle v_0, v_1, ..., v_\mathrm{k} \rangle$ ist aus den Einzelgewichten der Kanten zusammengesetzt, also

$$w = \sum_{i=1}^{k} w(v_{\mathrm{i-1}}, v_\mathrm{i}) \ .$$

Das Gewicht des kürzesten Pfades von u nach v sei definiert durch:

$$\delta(u, v) = \begin{cases} \min \left\{ w(p) : u \overset{p}{\rightarrow} v \right\}, & \text{kein Pfad von } u \text{ nach } v \text{ existiert} \\ \infty, & \text{sonst} \end{cases}$$

Die Darstellung der Graphen erfolgt durch Adjazenzlisten. Dabei wird ein Graph durch das Feld *Adj* dargestellt, das für jeden Knoten $u \in V$ eine Liste enthält. Jede dieser Listen *Adj*[u] enthält alle Knoten v, für die eine Kante $(u, v) \in E$ existiert. (Cormen, Leiserson, Rivest und Stein 2004)

4.1.1. Tiefensuche

Die Tiefensuche geht man stets so tief in einen Teilgrafen bis dessen Ende erreicht ist. Dabei werden genau die Kanten des zuletzt entdeckten Knotens untersucht, der noch unentdeckte Kanten enthält. Falls alle Kanten eines Knotens u untersucht wurden, so kehrt die Suche zurück zu dem Knoten von dem aus u erreicht wurde. Dies wird solange fortgesetzt, bis alle vom Startknoten aus erreichbaren Kanten verfolgt und alle Knoten entdeckt wurden. Das Vorgängerattribut $\pi[v]$ des Knotens v wird bei dessen Entdeckung auf den entsprechenden Vorgänger gesetzt. Um den Zustand der Knoten zu markieren, werden diese während der Suche gefärbt. Jeder anfangs weiß gefärbte Knoten wird grau, sobald er entdeckt wird, und schwarz, sobald er abgearbeitet wurde. (Cormen et al. 2004)

Algorithmus 1: Tiefensuche

   Eingabe : Graph G

1 **forall the** Knoten $u \in V[G]$ **do**
     // Initialisierung:
2   $farbe[u] \leftarrow weiss$ // Knoten ist unbesucht
3   $\pi[u] \leftarrow nil$ // Knoten hat keinen Vorgänger
4 **forall the** Knoten $u \in V[G]$ **do**
     // besuche alle unbesuchten Knoten
5   **if** $farbe[u] = weiss$ **then**
6   DFSVisit(u)

Funktion Tiefensuche - DFSVisit(u)

---

1   $farbe[u] \leftarrow grau$ `// Ein weißer Knoten u wurde entdeckt`
    `// Verfolge Kante` (u, v)
2   **forall the** $v \in Adj[u]$ **do**
3   **if** $farbe[v] = weiss$ **then**
4           $\pi[v] \leftarrow u$
            `// rekursive Abarbeitung weißer Knoten in die`
            `Tiefe`
5   `DFSVisit`(v)

6   $farbe[u] \leftarrow schwarz$ `// u ist abgearbeitet`

4.1.2. Breitensuche

Die Breitensuche erkundet einen Graphen von einem Startknoten s ausgehend. Dabei breitet sich die Tiefe der besuchten Knoten gleichmäßig aus. Bevor also ein Knoten mit der Tiefe $n + 1$ untersucht wird, werden zuerst alle Knoten der Tiefe n untersucht. Die Tiefe eines Knotens u, also die Distanz vom Startknoten s zu u, wird in $d[u]$ gespeichert. Die Menge der gerade entdeckten grauen Knoten, die die Front zwischen entdeckten und unentdeckten Knoten bilden, werden in der FiFo-Warteschlange Q abgelegt. (Cormen et al. 2004)

Algorithmus 2: Breitensuche

   Eingabe : Graph G, Startknoten s
   // Initialisierung
1 **forall the** Knoten $u \in V[G] - s$ **do**
2     $farbe[u] \leftarrow weiss$
3     $d[u] \leftarrow \infty$
4     $\pi[u] \leftarrow nil$

   // Startknoten wird bearbeitet
5 $farbe[s] \leftarrow grau;\; d[s] \leftarrow 0\;;\; \pi[s] \leftarrow nil;\; Q \leftarrow \emptyset$
6 Enqueue(Q,s)
7 **while** $Q \neq \emptyset$ **do**
8     $u \leftarrow$ Dequeue(Q)
     // Alle von u erreichbaren unbesuchten Knoten besuchen
9   **forall the** $v \in Adj[u]$ **do**
10   **if** $farbe[v] = weiss$ **then**
11         $farbe[v] \leftarrow grau$
12         $d[v] \leftarrow d[u] + 1$
13         $\pi[v] \leftarrow u$
         // Knoten einer Ebene tiefer werden eingereiht
14   Enqueue(Q,s)
15    $farbe[u] \leftarrow schwarz$
16 $farbe[u] \leftarrow schwarz$

4.1.3. Bellman-Ford

Der Bellman-Ford-Algorithmus berechnet die kürzesten Pfade von einem Startknoten aus - auch für Graphen mit negativen Kantengewichten. Er gibt für einen gerichteten Graphen $G = (V, E)$ mit einem Startknoten s und einer Gewichtsfunktion $w : E \leftarrow R$ einen boolschen Wert zurück, der zeigt, ob der Graph einen Zyklus mit negativem Gewicht enthält. Falls dies nicht der Fall ist, bestimmt der Algorithmus die kürzesten Pfade und ihre Gewichte.

Der Bellman-Ford-Algorithmus sowie der Dijkstra-Algorithmus benutzen beide die Funktionen Initialize-Single-Source(G, s) und Relax(u, v, w).

Mit der Initialisierung werden die Entfernungen aller Knoten - außer dem Startknoten, dessen Entfernung zu sich selbst Null ist - auf ∞ und alle Vorgänger auf *Null* gesetzt.

Funktion InitializeSingleSource(G,s)

Eingabe : Graph G, Startknoten s

1 **forall the** Knoten $v \in V[G]$ **do**

2     $d[v] \leftarrow \infty$ // Entfernung zum Startknoten

3     $\pi[v] \leftarrow Null$ // Vorgängervariable

4 $d[s] \leftarrow 0$ // Startknoten-Startknoten-Entfernung

Durch die Relaxation wird geprüft, ob der bisher gefundene Pfad noch verbessert werden kann, indem der Weg über u gewählt wird. Beim Bellman-Ford-Algorithmus wird jede Kante mehrmals relaxiert, beim Dijkstra-Algorithmus lediglich einmal.

Funktion Relax(u, v, w)

Eingabe : Knoten u, Knoten v, Gewichtungsfunktion w

// Weg über u nach v ist kürzer als bisheriger

1 **if** $d[v] > d[u] + w(u, v)$ **then**

2     $d[v] \leftarrow d[u] + w(u, v)$ // Aktualisierung der Kosten

3     $\pi[v] \leftarrow u$ // Aktualisierung des Vorgängers

Der Bellman-Ford-Algorithmus relaxiert während jedes Durchlaufes alle Kanten des Graphen. Nach $|V|-1$ Durchläufen ist gewährleistet, dass für alle von s erreichbaren Knoten die kürzesten Pfade zueinander berechnet wurden. (Cormen et al. 2004)

Algorithmus 3: Bellman-Ford

Eingabe : Graph G, Gewichtungsfunktion w, Startknoten s

1   $InitializeSingleSource(G, s)$
2   **for** $i \leftarrow 1$ to $|V[G]| - 1$ **do**
3   **forall the** Kanten $(u, v) \in E[G]$ **do**
4   Relax(u,v,w)

    // Prüfung ob Zyklen mit nichtnegativem Gewicht existieren

5   **forall the** Kanten $(u, v) \in E[G]$ **do**
6   **if** $d[v] > d[u] + w(u, v)$ **then**
7   **return** $Falsch$

8   **return** $Wahr$

4.1.4. Best-First-Search

Bei dem heuristischen Best-First-Search-Algorithmus handelt es sich um einen Vorläufer von A* und um eine Variante der Breitensuche. Im Gegensatz zur Breitensuche wird stets der Weg gewählt, der durch eine Heuristik am besten bewertet wurde. Der Unterschied zu A* besteht darin, dass die bisherigen Kosten keine Rolle spielen. Wie bei A* wird die offene Liste als Prioritätswarteschlange implementiert. (Lämmel und Cleve 2008)

Algorithmus 4: Best-First-Search

```
 1  while listOpen ≠ Null do
 2  │   v ← listOpen.Dequeue()
 3  │   forall the w ∈ Adj[v] do
 4  │   │   if w ∉ listOpen then
 5  │   │   │   SetHeuristic(w)
 6  │   │   │   π[w] ← v
 7  │   │   │   listOpen.Enqueue(w)
 8  │   │   else
 9  │   │   │   // neuer Pfad günstiger
    │   │   │   if w.hScore > v.hScore + costsPerMove then
10  │   │   │   │   π[w] ← v

11  return Wahr
```

4.1.5. Dijkstra

Bei dem Dijkstra-Algorithmus handelt es sich um ein uninformiertes Suchverfahren für Graphen mit nicht negativ gewichteten Kanten. Da er stets die Kanten mit der kleinsten kumulierten Distanz verfolgt, lässt er sich den Greedy-Algorithmen zuordnen, obwohl er - im Gegensatz zu anderen Greedy-Algorithmen, die nicht immer optimale Ergebnisse liefern - tatsächlich immer die kürzesten Pfade berechnet.

Dijkstra verwaltet die Knoten in der Menge S und der Min-Prioritätswarteschlange Q. S enthält die Knoten, deren kürzeste Pfade zum Startknoten s bereits bestimmt wurden. Der Algorithmus wählt in jedem Durchlauf den Knoten mit der geringsten Schätzung aus $Q = V - S$ (Dijkstra, Zeile 5). Nachdem dieser Knoten anschließend zu S hinzugefügt wurde (Dijkstra, Zeile 6), werden alle von ihm ausgehenden Kanten relaxiert (Dijkstra, Zeile 8). (Cormen et al. 2004)

Algorithmus 5: Dijkstra

Eingabe : Graph G, Gewichtungsfunktion w, Startknoten s
  // siehe Funktion InitializeSingleSource
1 InitializeSingleSource(G,s)
2 $S \leftarrow \emptyset$
3 $Q \leftarrow V[G]$
4 **while** $Q \neq \emptyset$ **do**
5     $u \leftarrow$ ExtractMin(Q)
6     $S \leftarrow S \cup \{u\}$
    // alle von u ausgehenden Kanten
7   **forall the** Knoten $v \in Adj[u]$ **do**
      // siehe Funktion Relax
8   Relax(u,v,w)

4.1.6. A*

Der Algorithmus A* ist eine Erweiterung des Dijkstra-Algorithmus um eine Heuristik. Die Berechnung der Pfadkosten für einen Knoten n erfolgt durch die Addition der Kosten für den bisher zurückgelegten Weg $g(n)$ und den geschätzten Kosten $h(n)$ zum Ziel.

Für die Pfadkosten gilt somit:

$$f(n) = g(n) + h(n).$$

Die zurückgelegten Kosten pro Bewegungsschritt können sich je nach Pfadkosten (Terrain, priorisierte Flächen) oder Bewegungsrichtung unterscheiden. Die Schätzkosten $h(n)$ sind von der Wahl der Metrik abhängig und sollten das Problem stehst unterschätzen. Eine Überschätzung der Kosten kann eine nicht optimalen Pfad zu Folge haben.

A* legt die noch zu bearbeitenden Knoten in einer sog. "offenen Liste" ab. Diese Knoten sind noch ungeprüft. In der sog. "geschlossenen Liste" werden die Knoten abgelegt, die bereits vollständig bearbeitet wurden. (Jones 2009)

Der A*-Algorithmus fügt zu Beginn den Startknoten der offenen Liste hinzu (A*, Zeile 1). In den anschließenden Iterationen wird jeweils der Knoten mit den geringsten Pfadkosten $f(n)$ aus der offenen Liste entnommen (A*, Zeile 2). Dieser Knoten wird im folgenden als aktueller Knoten bezeichnet. Falls er bereits den Zielknoten darstellt, ist der Pfad gefunden (A*, Zeile 4). Da dieser Knoten in den nun folgenden Schritten abgearbeitet wird, kann er in die geschlossene Liste verschoben werden (A*, Zeile 5). Ab (A*, Zeile 6) werden schrittweise alle Nachbarn des aktuellen Knotens abgearbeitet. Dabei wird zwischen folgenden Situationen unterschieden:

1. Der Nachbarknoten befindet sich bereits in der geschlossenen Liste (d.h. er wurde schon abgearbeitet) oder er ist nicht begehbar, weil er beispielsweise ein Hindernis darstellt. In diesen Situationen kann der Nachbarknoten ignoriert und zum Nächsten übergegangen werden (A*, Zeile 7).

2. Der Nachbarknoten befindet sich noch nicht in der offenen Liste. Dies bedeutet, dass dieser Knoten noch nicht entdeckt wurde und noch abgearbeitet werden muss. Deshalb wird er in die offene Liste eingefügt(A*, Zeile 10) und seine geschätzten Kosten h werden aktualisiert (A*, Zeile 11).

3. Der Nachbarknoten befindet sich bereits in der offenen Liste. Somit wurde er bereits über einen anderen Pfad entdeckt und seine Schätzkosten wurden bereits berechnet. Nun muss noch überprüft werden, ob es sich bei dem Weg über den aktuellen Knoten um einen besseren Pfad handelt. Diese Bewertung findet über die bereits zurückgelegten Kosten g statt. Falls der Pfad über den aktuellen Knoten günstiger ist, werden das Vorgängerattribut π des Nachbarknotens auf den aktuellen Knoten gesetzt (A*, Zeile 14) und die Kosten g aktualisiert (A*, Zeile 15).

Falls der offenen Liste alle Elemente entnommen wurden, ohne den Zielknoten zu finden, ist dieser nicht vom Startknoten aus erreichbar und der Algorithmus wird beendet (A*, Zeile 16).

Der wesentliche Nachteil des A*-Algorithmus ist dessen hoher Speicherverbrauch. Dieser liegt bei $\mathcal{O}\left(b^d\right)$, wobei b den Verzweigungsfaktor und d die Baumtiefe darstellt. (Hart et al. 1968)

Algorithmus 6: A*

    // Füge Startknoten der offenen Liste hinzu

1 $openList$.Enqueue($startNode$, 0) **while** $openList \neq \emptyset$ **do**

       // Knoten mit geringsten Pfadkosten

2 $currentNode \leftarrow openList$.RemoveMin()

3   **if** $currentNode = goalNode$ **then**

4   **return** Pfad gefunden

5 $closedList$.Add($currentNode$)   // ClossedList bearbeitet

6   **for** *every* $neighborNode$ *of* $currentNode$ **do**

7   **if** $neighborNode \in closedList$ *or* nicht begehbar **then**

8   ignoriere $neighborNode$

9   **if** $neighborNode \notin openList$ **then**

10   openList.Enqueue($neighborNode$)

11   hScore($neighborNode$) $\leftarrow$ Heuristic($neighborNode$, $goal$)

12   **if** $neighborNode \in openList$ **then**

13   **if** $neighborNode$.GScore() $>$ $currentNode$.GScore() $+ costsPerMove$ **then**

14 $\pi[neighborNode] \leftarrow currentNode$

15 $neighborNode$.GScore() $\leftarrow$ $currentNode$.GScore()

16 **return** Kein Pfad gefunden

4.1.7. IDA* (Iterative-Deepening A*)

IDA* ist ein von Richard E. Korf entwickelter heuristischer Tiefensuchalgorithmus (Korf 1985). Um den Speicherbedarf im Vergleich zu A* zu reduzieren, berechnet IDA* den Suchpfad in kleineren Schritten. Er verwendet die gleiche Knotenbewertungsfunktion $f(n)$ wie A*. Anders als beim iterativen Tiefensuchalgorithmus, ist bei ihm jedoch nicht die Tiefe entscheidend für weitere Expansionen, sondern der Wert der Bewertungsfunktion $f(n)$. Sobald diese einen festgelegten Grenzwert überschreitet, wird die Expansion beendet. Dieser Grenzwert liegt bei den geschätzten Kosten des Startknotens, denn für den Startknoten gilt $f(n) = h(n)$, da $g(n) = 0$. Nun wird die Suche fortgesetzt, bis eine Lösung unterhalb des Grenzwertes gefunden ist oder bis festgestellt wird, dass keine Lösung gefunden werden kann. Falls keine Lösung gefunden wurde, wird die Grenze um eins erhöht und die Suche fortgeführt. Durch diese Vorgehensweise wird der Speicherbedarf im Vergleich zu A* deutlich reduziert.

Hauptvorteil von IDA* gegenüber A* ist der deutlich reduzierte Speicherbedarf auf $\mathcal{O}(b \cdot d)$, durch die redundante Knotenexpansionen entsteht jedoch ein zeitlicher Mehraufwand.

4.1.8. LPA* (Lifelong Planning A*)

Beim LPA*-Algorithmus handelt es sich um eine inkrementelle A*-Variante. Er berechnet den gleichen (optimalen) Pfad wie A*, ist jedoch in vielen Situationen deutlich effizienter (Koenig und Likhachev 2002b). Anstatt bei einer Änderung der Suchumgebung komplett von vorne zu beginnen, nutzt LPA* die Ergebnisse aus vorherigen Suchdurchläufen.

Zunächst berechnet LPA* einen zu A* identischen Pfad vom Start- zum Zielknoten. Treten dann Änderungen auf, bezieht LPA* den Initialpfad bei der Neuberechnung wieder mit ein. Um Kostenänderungen festzustellen, nutzt der Algorithmus zusätzlich zu den, auch in A* genutzten, G- und H-Werten die rhs-Werte (Koenig et al. 2004). Diese lassen sich wie folgt ermitteln:

$$rhs(s) = \begin{cases} 0, & \text{falls } s = s_{start} \\ \min_{s' \in Pred(s)}(g(s') + c(s', s)), & \text{sonst} \end{cases}$$

Hierbei bezeichnet $0 < c(s', s) \leq \infty$ die Kosten für eine Bewegung vom Knoten s zum Knoten $s' \in Succ(s)$. Die rhs-Werte sind ein auf die G-Werte basierender Vorgriff und dadurch potentiell besser informiert als diese. Falls die G-Werte eines Knotens mit dessen rhs-Werten übereinstimmen, heißt dieser lokal konsistent, ansonsten lokal inkonsistent. Falls sich die Kosten einiger Knoten ändern, macht LPA* nicht alle Knoten lokal konsistent, sondern nur diejenigen, die für die Berechnung des kürzesten Pfades von Bedeutung sind. Die Ermittlung der relevanten Knoten erfolgt mit Hilfe von Heuristiken. Lokal inkonsistente Knoten - deren g-Werte also aktualisiert werden müssen - werden in einer Prioritätswarteschlange gehalten. Der Schlüssel der Knoten setzt sich dabei aus folgendem Vektor zusammen: $k(s) = [k_1(s); k_2(s)]$ mit $k_1(s) = \min(g(s), rhs(s)) + h(s, s_{goal})$ und $k_2(s) = \min(g(s), rhs(s))$. Bei der Initialisierung (LPA*, Zeile 1 bis LPA*, Zeile 5) werden alle g- und rhs-Werte auf ∞ gesetzt, mit Ausnahme des rhs-Werts des Startknotens, der auf Null gesetzt wird. Da der Startknoten damit inkonsistent ist, wird er in die Prioritätswarteschlange eingefügt (LPA*, Zeile 5). Mit dem ersten Aufruf von ComputeShortestPath() wird durch die Initialisierung eine zu A* identische Suche durchgeführt. Anschließend wartet LPA* auf Änderungen der Knotenkosten. Falls eine Änderung auftritt, werden zuerst die Kosten des verursachenden Knotens (LPA*, Zeile 10) und dann mit Aufruf von UpdateVertex() (LPA*, Zeile 11) die rhs-Werte und die Schlüssel der beeinträchtigten Knoten aktualisiert. (Koenig et al. 2004)

Algorithmus 7: Lifelong Planning A*

```
1  U ← ∅ forall the s ∈ S do
2  │   rhs(s) ← g(s) ← ∞

3  rhs(s_start) ← 0
4  U.Insert(s_start)
5  CalculateKey(s_start)
6  repeat
7  │   ComputeShortestPath()
8  │   Wait for changes in edge costs
9  │   forall the directed edges (u, v) with changed edge costs do
10 │   │   Update the edge cost c(u, v)
11 │   │   UpdateVertex(v)
12 until Falsch
```

ComputeShortestPath() expandiert fortlaufend mit lokal inkonsistenten Knoten in der Reihenfolge ihrer Priorität bis s_{goal} lokal konsistent ist und der als nächstes zu expandierende Knoten nicht kleiner als der Schlüssel von s_{goal} ist. Falls nach der Suche $g(s_{goal}) = \infty$ gilt, so existiert kein Pfad von s_{start} zu s_{goal}, ansonsten kann der Pfad von s_{start}

zu s_{goal} zurückverfolgt werden. Dabei wird bei s_{goal} begonnen und sukzessive ein Vorgänger s' gewählt, so dass $g(s') + c(s', s)$ minimiert wird, bis s_{start} erreicht ist. (Koenig et al. 2004)

Funktion ComputeShortestPath

---

1 **while** U.TopKey()$<$ CalculateKey(s_{goal}) **or** rhs($s_{goal} \neq g(s_{goal})$) **do**
2    $u \leftarrow$ U.Pop()
     // lokal überkonsistente Knoten
3   **if** $g(u) > $ rhs(u) **then**
4      $g(u) \leftarrow$ rhs(u) // Knoten wird konsistent
5   **forall the** $s \in$ Succ(u) **do**
6   UpdateVertex(s)
7   **else**
     // lokal unterkonsistente Knoten
8      $g(u) \leftarrow \infty$ // Knoten wird konsistent oder überkonsistent
9   **forall the** $s \in$ Succ$(u) \cup u$ **do**
10   UpdateVertex(s)

Funktion UpdateVertex(u)

---

1 **if** $u \neq s_{start}$ **then**
2   rhs$(u) \leftarrow \min_{s' \in \text{Pred}(u)} (g(s') + c(s', u))$
3 **if** $u \in$ U **then**
4   U.Remove(u)
5 **if** $g(u) \neq$ rhs(u) **then**
6   U.Insert$(u,$CalculateKey$(u))$

Funktion CalculateKey(s)

---

1 **return** [$\min(g(s), \text{rhs}(s)) + h(s, s_{goal})$; $\min(g(s), \text{rhs}(s))$]

4.1.9. D*

D* wird gleichzeitig auch als Stentz's Algorithmus (Stentz 1994) bezeichnet, es ist die von Tony Stentz auf dynamische Umgebungen angepasste Variante von A*. Wie LPA* kann auch D* mit sich ändernden Umgebungen während oder nach der Expansion umgehen, ohne - wie dies bei A* der Fall wäre - sich selbst von der aktuellen Position aus neu ausführen zu müssen. D* berücksichtigt dynamische Änderungen in Abhängigkeit der neuen Informationen, die sich beispielsweise durch die Bewegung eines im Wahrnehmungsfeld[1] beschränkten Agenten erschließen.

D* führt die Suche im ersten Schritt rückwärts mit dem anfangs bekannten Wissen über die Umgebung durch, also vom Ziel- zum Startknoten. Dadurch verweist jeder expandierte Knoten auf den nächsten zum Ziel führenden Knoten und kennt die Kosten zum Ziel. Die Expansion verläuft wie bei A* und der Algorithmus kann ebenso abgebrochen werden falls die offene Liste leer ist - also kein Pfad existiert - oder der Startknoten expandiert und somit auch der Pfad gefunden wurde. Da dem Algorithmus noch nicht alle Hindernisse bekannt sind, bezeichnet man den in diesem ersten Schritt gefundenen Pfad als *optimistisch optimal*.

Falls bei der Verfolgung des Pfades durch neue Umgebungsinformationen eine Blockade auftritt, werden die Pfadkosten modifiziert, bis wieder ein (evtl. optimistisch-)optimaler Pfad, um das Hindernis herum gefunden ist.

Zur Behandlung auftretender Blockaden werden die Knoten in der offenen Liste wie folgt unterschieden:

- Raise-Knoten: von der Blockade betroffene Knoten die erhöhte Pfadkosten übermitteln und dadurch den Pfad um das Hindernis herum unattraktiv machen.

- Lower-Knoten: Knoten die die Kosten in ihrer Umgebung falls möglich senken. Diese Knoten verhindern, dass andere Punkte betrachtet werden müssen.

Diese Knoten ermöglichen eine ausschließliche Bearbeitung der Knoten, die wirklich von einer Kostenänderung betroffen sind.

---

[1]Bereich der durch Agent erkennbar ist.

Falls eine weitere Blockade auftritt, wird kein Nachbar eine neue Route zum Ziel finden, weshalb diese ihre Kostenerhöhung weitergeben.

4.1.10. D*Lite

Beim Algorithmus D*Lite handelt es sich um eine auf LPA* aufbauende Weiterentwicklung von Koenig und Likhachev (2002a). Er nutzt wie LPA* eine Prioritätswarteschlange zur Verwaltung lokal inkonsistenter Knoten. Die initialen Kosten jeder Kante betragen zu Beginn eins und werden zu ∞ falls die Kante nicht traversierbar ist. Im Gegensatz zu LPA* sucht D*-Lite in umgekehrter Richtung, also vom Zielknoten zum Startknoten, weshalb die G-Werte keine Start- sondern Zieldistanzen darstellen.

Beim D*Lite-Algorithmus werden bei einer Pfad-Neuberechnung nur die Knoten neu berechnet, deren Zieldistanzen sich geändert haben und die für den kürzesten Pfad relevant sind. Die Schwierigkeit besteht beim D*Lite-Algorithmus darin, diese Knoten effizient zu bestimmen. D*Lite berechnet wiederholt den Weg zwischen aktuellem Startknoten - z.B. der aktuellen Roboterposition - und dem Zielknoten.

Falls eine Roboterbewegung entlang des durch D*Lite-ComputeShortest-Path() berechneten Pfades zu Änderungen der Pfadkosten führt, werden ab (D*Lite, Zeile 5) die Prioritäten der Kanten neu berechnet und in der Prioritätswarteschlange aktualisiert. Da die Aktualisierung der Prioritätswarteschlange - insbesondere bei einer großen Anzahl von enthaltenen Elementen - teuer ist, wird versucht eine Neuanordnung zu verhindern, wenn diese nicht zwingend notwendig ist. D*Lite nutzt dafür Prioritäten, die untere Schranken für die von LPA* genutzten Prioritäten der entsprechenden Knoten sind. Hierbei werden folgende Bedingungen an die Heuristik gestellt ($\forall s, s', s'' \in S$):

$$h(s, s') \geq 0$$
$$h(s, s') \geq c^*(s, s')$$
$$h(s, s'') \geq h(s, s') + h(s', s'')$$

Dabei entspricht $c^*(s, s')$ den Kosten des kürzesten Pfades von $s \in S$ zu $s' \in S$.

Nach einer Bewegung vom Knoten s zu einem Knoten s' und der Erkennung einer Kostenänderung kann das erste Element der Prioritäten maximal um $h(s, s')$ verringert worden sein. Um nun die untere Schranke aufrechtzuerhalten muss D*Lite $h(s, s')$ von dem jeweils ersten Element aller Knoten in der Prioritätswarteschlange abziehen. Da sich die Reihenfolge der Prioritäten hierdurch nicht ändert, erübrigt sich eine Neusortierung der Prioritätswarteschlange.

Algorithmus 8: D*Lite

1 $s_{last} \leftarrow s_{start}$ U $\leftarrow \emptyset$ $k_m \leftarrow 0$ **forall the** $s \in S$ **do**

2 $\quad$ rhs$(s) \leftarrow g(s) \leftarrow \infty$

3 rhs$(s_{goal}) \leftarrow 0$ U.Insert$(s_{goal},$ CalculateKey$(s_{goal}))$ ComputeShortestPath() **while** $s_{start} \neq s_{goal}$ **do**

4 $\quad$ **if** $g(s_{start})$ **then**
$\quad\quad$ // there is no known path

5 $\quad$ $s_{start} \leftarrow$ arg $\min_{s' \in \text{Succ}(s_{start})} (c(s_{start}, s') + g(s'))$ Move to s_{start} Scan graph for changed edge costs **if** *any edge cost changed* **then**

6 $\quad\quad$ $k_m \leftarrow k_m + h(s_{last}, s_{start})$ $s_{last} \leftarrow s_{start}$ **forall the** *directed edges (u, v) with changed edge costs* **do**

7 $\quad\quad\quad$ Update the edge cost $c(u, v)$ UpdateVertex(u)

8 $\quad\quad$ ComputeShortestPath()

Wenn nun Prioritäten neu berechnet werden, sind deren erste Elemente im Vergleich zu den Elementen in der Prioritätswarteschlange um $h(s, s')$ zu gering, weshalb bei jeder Kostenänderung zum ersten Element der Wert von $h(s, s')$ hinzuaddiert wird (D*Lite-CalculateKeys, Zeile 1). Falls nach einer Bewegung eine Kostenänderung auftritt, wird dieser Wert jeweils wieder um den aktuellen Wert von $h(s, s')$ erhöht (D*Lite, Zeile 6). Die Prioritätswarteschlange muss somit nicht neu sortiert werden, allerdings stellen die Prioritäten im Vergleich zu denen von LPA* untere Schranken dar. Dies wird durch Änderungen in D*Lite-ComputeShortesstPath() (im Vergleich zu LPA*) kompensiert. Noch bevor der Knoten u aus der Prioritätswarteschlange geholt wird, wird dessen Priorität in der Variable k_{old} gespeichert (D*Lite-

ComputeShortestPath(), Zeile 2). Falls diese Priorität kleiner als die wirkliche Priorität ist, wird mittels D*Lite-CalculateKey(u) der richtige Prioritätswert ermittelt und in die Prioritätswarteschlange eingefügt (D*Lite-ComputeShortestPath, Zeile 3; D*Lite-ComputeShortestPath, Zeile 4). Somit bleibt die Forderung erfüllt, dass alle Prioritäten untere Schranken der entsprechenden LPA*-Prioritäten sind, nachdem sie um k_m verringert wurden. Falls $k_{old} =$ D*Lite-CalculateKey(u) gilt, so expandiert D*Lite-ComputeShortestPath(u) den Knoten u wie LPA* (D*Lite-ComputeShortestPath, Zeile 5 - D*Lite-ComputeShortestPath, Zeile 1). (Koenig und Likhachev 2002a)

Funktion D* Lite - ComputeShortestPath

```
1  while U.TopKey() < CalculateKey(s_start) or rhs(s_start ≠
       g(s_start)) do
2      k_old ← U.TopKey() ; u ← U.Pop()
3      if k_old <CalculateKey(u) then
           // untere Schranke Priorität ersetzen
4          U.Insert(u, CalculateKey(u))
5      else if g(u) > rhs(u) then
6          g(u) ← rhs(u)
7          forall the s ∈ Pred(u) do
8              UpdateVertex(s)
9      else
10         g(u) ← ∞
11         forall the s ∈ Pred(u) ∪ u do
12             UpdateVertex(s)
```

Funktion D* Lite - UpdateVertex(u)

---

1 **if** $u \neq s_{start}$ **then**
2 $\quad$ rhs(u) $\leftarrow$ $\min_{s' \in \mathtt{Pred}(u)} (g(s') + c(s', u))$
3 **if** $u \in$ U **then**
4 $\quad$ U.Remove(u)
5 **if** $g(u) \neq$ rhs(u) **then**
6 $\quad$ U.Insert(u,CalculateKey(u))

Funktion D* Lite - CalculateKey(s)

---

1 **return** [$\min(g(s), \mathrm{rhs}(s)) + h(s_{start}, s) + k_m$;
$\min(g(s), \mathrm{rhs}(s))$]

4.2. Erkundungsalgorithmen

Im folgenden Kapitel werden Verfahren zur vollständigen Erkundung einer Umgebung beschrieben. Beginnend mit der Idee der Erkundung durch Grenzfelder, werden darauf aufbauend drei weitere Strategien vorgestellt, die zusätzliche Randbedingungen berücksichtigen: Multi-Robot-Coordination, Kommunikationsreichweite und Kommunikationsbandbreite.

4.2.1. Frontier based Exploration

Frontier based Exploration ist ein Erkundungsalgorithmus, der selbständig eine Karte der Umgebung erzeugt. (Yamauchi 1997) entwickelten diesen Algorithmus um komplexe Bürogebäude mit beliebig verteiltem Mobiliar zu kartographieren.

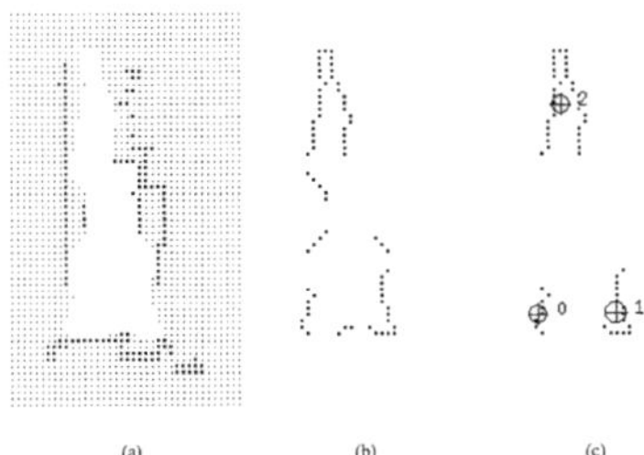

Abbildung 4.1.: Transformation von Occupancy Grid zu Grenzregionen
(Quelle: Yamauchi 1997)

Als Grundlage wird ein Occupancy Grid verwendet, in dem jedes Feld entweder als befahrbar, nicht befahrbar oder unbekannt markiert ist. In diesem Grid werden danach die Grenzfelder ermittelt. Grenzfelder sind befahrbare Felder, die an mindestens ein unbekanntes Feld angrenzen. Benachbarte Grenzfelder werden zu Grenzregionen zusammen gefasst und markieren so den Übergang vom bekannten Kartenteil in den unbekannten Teil. Abb. 4.1 (b) zeigt die Grenzfelder des Grids (a). Grenzregionen müssen eine Mindestgröße einhalten um in die Auflistung in (c) übernommen zu werden. Das Fadenkreuz markiert den Schwerpunkt einer Region. Der Roboter kann diese Grenzregionen besuchen, die angrenzenden unbekannten Felder scannen und mit den neu gewonnenen Informationen seine Karte erweitern.

Zu Beginn des Algorithmus ist nur die unmittelbare Umgebung des Roboters bekannt. Die nächstgelegene erreichbare Grenzregion wird ermittelt und ein Pfad zu dieser geplant. Dort angekommen wird die Grenzregion als besucht markiert, die Umgebung erneut gescannt und die Grenzregionen werden neu berechnet. Der Roboter wählt wieder die nächstgelegene erreichbare Grenzregion aus und plant einen Pfad zu jener Region. Dieser Vorgang wird wiederholt bis alle Grenzregionen besucht wurden. Abbilung 4.2 visualisiert diesen Prozess in einem Bürogebäude.

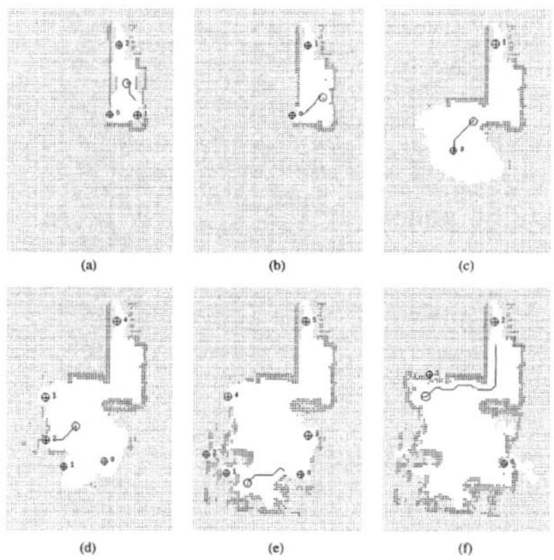

Abbildung 4.2.: Erkundung eines Bürogebäudes (Quelle: Yamauchi 1997)

(Yamauchi 1998) stellen darauf aufbauend eine Multi-Agent Variante vor, in der jeder Roboter ein lokales Occupancy Grid zur Bestimmung der Grenzregionen verwendet. Umgebungsscans werden jedoch an alle Roboter versendet. Dies erlaubt eine unabhängige Pfadplanung für jeden Roboter während der globale Erkundungsprozess beschleunigt wird. Da die Pfadplanung dezentral ist, kann der Erkundungsprozess auch beim Ausfall eines Roboters abgeschlossen werden. Jedoch wirkt sich die Dezentralisation nachteilig auf die Effizienz des Algorithmus aus, da

Grenzregionen von mehreren Robotern gleichzeitig angefahren werden können.

4.2.2. Coordinated Multi Robot Exploration

Um eine Karte mit einer Gruppe von Robotern effizient zu erkunden, müssen alle Roboter einer gemeinsamen Strategie folgen. Eine auf Grenzzellen aufbauende Strategie zur Koordinierung vieler Roboter wurde von (Burgard, Moors, Stachniss und Schneider 2005) vorgestellt. In dieser Strategie berechnet jeder Roboter die Kosten für den Weg zu jedem Grenzfeld sowie dessen Nutzen für die Gesamtlösung und besucht das Grenzfeld mit dem besten Kosten-Nutzen Verhältnis. Es wird vorausgesetzt, dass alle Roboter zu jedem Zeitpunkt die gesamte erkundete Karte sowie alle Roboterpositionen mittels Kommunikation abfragen können. Dazu wird aber eine unbeschränkte Kommunikationsreichweite benötigt. Eine leicht modifizierte Version kann auch beschränkte Kommunikationsreichweiten handhaben.

Die Kosten eines Grenzfelds entsprechen den Kosten des optimalen Pfads vom Roboter zum Grenzfeld. Durch dynamische Programmierung mittels Value Iteration lassen sich effizient die Kosten für jedes Grenzfeld wie folgt errechnen:

1. **Initialisierung:** Das Feld des Roboters wird mit Null initialisiert und alle anderen mit ∞.

$$V_{x,y} \leftarrow \begin{cases} 0, & \text{(x,y) ist Roboterposition} \\ \infty, & \text{sonst} \end{cases}$$

2. **Aktualisierungsschleife:** Für aller Felder (x, y) berechne

$$\begin{aligned} V_{x,y} \leftarrow \min\{ & V_{x+\Delta x, y+\Delta y} + \sqrt{\Delta x^2 + \Delta y^2} * \\ & P(occ_{x+\Delta x, y+\Delta y}) | \Delta x, \Delta y \in \{-1, 0, 1\} \wedge \\ & P(occ_{x+\Delta x, y+\Delta y}) \in [0, occ_{max}]\} \end{aligned}$$

Es kann nicht prognostiziert werden, wie viele unbekannte Felder von einem Grenzfeld aus gescannt werden können, da die Struktur der zugrunde liegenden Karte noch nicht bekannt ist. Es ist folglich nicht möglich den Nutzen eines Grenzfelds durch den Informationszuwachs beim Besuch dieses Felds zu berechnen. Es kann jedoch der Nutzen eines Grenzfelds unter Berücksichtigung aller geplanten Roboterbewegungen berechnet werden.

Jedes Grenzfeld t hat am Anfang den Initialnutzwert U_t. Sobald ein Roboter ein Grenzfeld t' auswählt, wird dessen Nutzwert und der Nutzwert aller Grenzfelder mit Distanz d zu t' um den Wert $P(d)$ reduziert.

$$P(d) = \begin{cases} 1 - \dfrac{d}{max\_range}, & if\, d < max\_range \\ 0, & sonst \end{cases}$$

Max_Range liefert die Sensorreichweite der Roboter. Falls diese zu Beginn noch nicht bekannt ist, kann sie zur Laufzeit approximiert werden. Sollten sich Hindernisse zwischen t und t' befinden, liefert $P(\|t - t'\|)$ Null zurück.

Unter der Annahme, dass die Grenzfelder $t_1, \ldots t_{n-1}$ schon anderen Robotern zugewiesen wurden, wird der Nutzwert $U(t_n | t_1, \ldots, t_{n-1})$ des Grenzfelds t_n für den n-ten Roboter mit nachfolgender Gleichung bestimmt. Es ist ersichtlich, dass der Nutzen von Grenzfeld t_n ab nimmt, wenn ein Grenzfeld in der Sensorreichweite von t_n bereits von einem anderen Roboter angefahren wird.

$$U(t_n | t_1 \ldots t_{n-1}) = U_{tn} - \sum_{i=1}^{n-1} P(\|t_n - t_i\|)$$

Die Zuweisung von Grenzfeldern zu Robotern wird vom Algorithmus 9 durchgeführt. Die Schleife in Zeile 6 weist allen Robotern sukzessive ein Grenzfeld zu und aktualisiert die Nutzwerte der restlichen Grenzfelder. Mit dem Faktor β lässt sich die relative Gewichtung zwischen Nutzwert und Pfadlänge bestimmen.

In der Praxis ist das vorgestellte Verfahren ohne Modifikationen nicht zu realisieren, da es eine unbegrenzte Kommunikationsreichweite voraussetzt. Es kann jedoch gezeigt werden, dass eine leicht modifizierte Version des Algorithmus auch unter begrenzter Kommunikationsreichweite gute Ergebnisse liefert. Dazu muss jeder Roboter die angefahrenen Grenzfelder der anderen Roboter zwischenspeichern. Sollte der Roboter

---

Algorithmus 9: Zielzuweisung in Coordinated Multi-Robot Exploration (Quelle: (Burgard, Moors, Stachniss und Schneider 2005))

---

1 Berechne alle Grenzfelder
2 **foreach** *Roboter i* **do**
3 | Berechne Pfadkosten V_t^i für jedes Grenzfeld t
4 **end**
5 Setze Nutzwert U_t aller Grenzfelder auf 1.
6 **while** *Existiert Roboter ohne Grenzfeld* **do**
7 | Wähle Roboter i und Grenzfeld t so dass
$$(i, t) = argmax_{(i', t')}(U_{t'} - \beta * V_{t'}^{i'}).$$
8 | Reduziere Nutzwert aller Grenzfelder in Sichtweite von t'
     | entsprechend **??**: $U_{t'} \leftarrow U_{t'} - P(\|t - t'\|)$
9 **end**

---

nun die Kommunikationsreichweite der anderen Roboter verlassen, werden diese gespeicherten Grenzfelder in der Nutzwertberechnung herangezogen. Somit ignoriert der Roboter weiterhin Gebiete, die bereits von einem anderen Roboter erkundet werden. (Burgard et al. 2005)

4.2.3. Erkundung mit verteilter Netzwerkstruktur

(Rooker und Birk 2007) stellen einen alternativen Ansatz zur Erkundung einer Karte durch Roboter mit beschränkter Kommunikationsreichweite vor. Das Verfahren ist eine Erweiterung von Frontier based Exploration (4.2.1), in dem alle Roboter zu jedem Zeitpunkt Daten über ein Multi-Hop-Netzwerk/footnoteBei einem Multi-Hop-Netzwerk werden Pakte über mehrere Zwischenstationen/Roboter weitergeleitet austauschen können.

In dieser Strategie wählt eine Fitnessfunktion die beste Gruppenbewegung aus einer Menge von zufällig ausgewählten, möglichen Bewegungen zu einem Zeitpunkt t aus. Dazu wird die Konfiguration der Roboter zum Zeitpunkt t mit

$$cfg_t = \{P_t^1, P_t^2, \ldots, P_t^n\}$$

definiert, wobei $P_t^i = (x_t^i, y_t^i)$ die Position des i-ten Roboters zum Zeitpunkt t beschreibt. Der Konfigurationswechsel

$$cfg\_c_t = \{m_t^1, m_t^1, \ldots, m_t^n\}$$

beschreibt den Übergang von einer Konfiguration cfg_t zur Konfiguration cfg_{t+1} in der m_t^i als

$$m_t^i \in M = \{N, NE, E, SE, S, SW, W, NW, R\}$$

definiert ist. R bedeutet in diesem Kontext "keine Bewegung". Damit existieren für eine Konfiguration 9^n mögliche Folgekonfigurationen, aus denen k ausgewählt und von der Fitnessfunktion bewertet werden. Gruppenbewegungen, die möglichst viele Roboter zu ihrem nächstgelegenen Grenzfeld bewegen, werden besonders gut bewertet. Nicht durchführbare Konfigurationsübergänge oder jene, bei denen ein Roboter die Kommunikationsreichweite aller restlichen Roboter verlässt und damit das Multi Hop Netzwerk unterbricht, werden bei der Bewertung ignoriert. Der Zustandsübergang mit dem besten Nutzwert wird ausgewählt und die Roboter bewegen sich zu ihren neuen Positionen. Dabei kann das Verfahren in ein Deadlock geraten, wenn alle weitern Erkundungsaktionen das Multi-Hop-Netzwerk zwischen den Robotern zerstören würden. Abb. 4.3a visualisiert ein Deadlock. In so einer Situation wird der Erkundungsprozess kurzzeitig unterbrochen und eine Roboterposition als Treffpunkt aller Roboter vereinbart (Abb. 4.3b). Der Erkundungprozess wird fortgesetzt sobald alle Roboter diesen Treffpunkt erreicht haben.

4.2.4. Erkunden mit beschränkter Datenübertragungsrate

In der Praxis ist nicht nur die Kommunikationsreichweite beschränkt, sondern auch die Datenübertragungsrate. Eine schnelle Datenübertragung zwischen Robotern ist jedoch für koordinierte Gruppenaufgaben notwendig. Pei, Mutka und Xi (2010) schlagen den Einsatz von Relaisrobotern vor. So können Roboter, die mit der Erkundung beauftragt sind, einen Videostream über Relaisroboter zur Basisstation weiterleiten. Dazu muss das Kommunikationsnetzwerk während der Videoübertragung

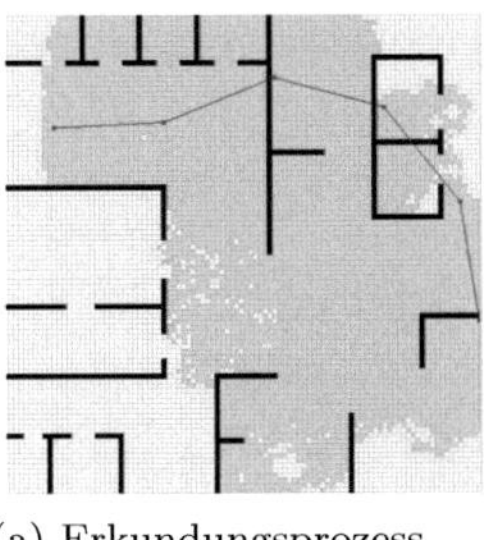

(a) Erkundungsprozess mit Deadlock (Quelle: Rooker und Birk 2007)

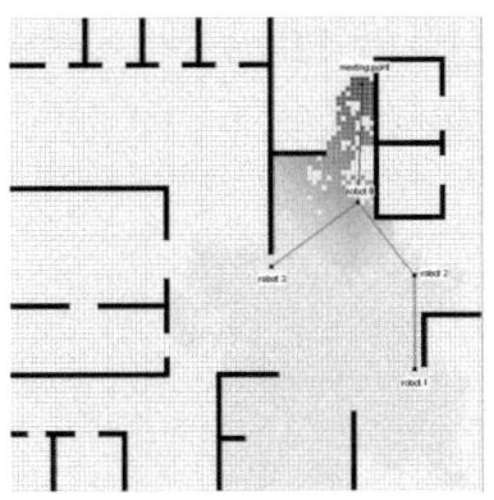

(b) Deadlock recovery durch Meeting Points (Quelle: Rooker und Birk 2007)

Abbildung 4.3.: Erkundung mit verteilter Netzwerstruktur

aufrecht erhalten werden und bei keinem Relaisroboter darf die benötigte Datenübertragungsrate die vorhandene Kapazität überschreiten.

Die Erkundung der ganzen Karte unter Berücksichtigung der oben genannten Bedingungen ist nur schwer zu lösen. Deshalb wird die Karte schrittweise erkundet und jeweils eine optimale Lösung für einen Iterationsschritt gesucht. Jedes dieser Teilprobleme wird wiederum in drei Unterprobleme aufgeteilt:

- Platzierung der Erkundungsroboter: Wie müssen n_{FN} Erkundungsroboter (Frontier Nodes) platziert werden, um eine möglichst große Fläche von unbekannten Feldern zu erkunden? Zur Lösung wird ein Greedy Algorithmus verwendet, da es sich um eine Variante des NP-schweren Mengenüberdeckungsproblems handelt.

- Platzierung der Relaisroboter: Sind $n_{RN} = (n - n_{FN})$ Relaisroboter (Relay Nodes) ausreichend, um die Daten von n_{FN} Erkundungsrobotern zur Basisstation zu übertragen, und wie müssen diese n_{RN} Roboter platziert werden? Das Problem kann auf das NP-schwere "Steiner Minimum Tree Problem with Minimum Number of Steiner Points and bounded edge length" reduziert werden und ist damit nur nicht trivial lösbar.

- Positionszuweisung und Pfadgenerierung: Wie können n Roboter auf n_{FN} Erkundungspositionen und n_{RN} Relaispositionen verteilt werden, so dass der längste zurückgelegte Pfad der Roboter minimal ist? Dieses Optimierungsproblem minimiert die Umbauzeit der Roboter und kann als 'LLinear Bottleneck Assignment Problem'mmodelliert werden.

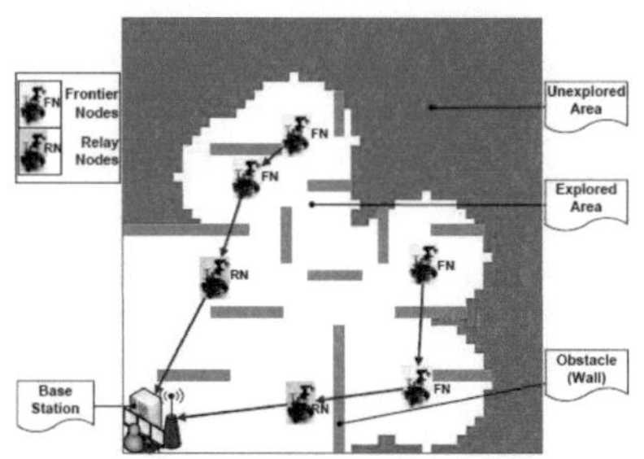

Fig. 1. Exploration snapshot of the *Garden* environment given in Section V. (Nodes are scaled larger for illustration purpose.)

Abbildung 4.4.: Erkundungsprozess mit Relaisroboter (Quelle: Pei, Mutka und Xi 2010)

Diese drei Teilprobleme müssen für jeden Iterationsschritt gelöst und so die nächsten Ziele für die Roboter bestimmt werden. Nachdem alle Roboter ihre zugewiesenen Positionen erreicht haben, scannen die Grenzroboter ihre Umgebung und leiten die Daten über die Relaisroboter zur Basisstation. Dieser Vorgang wiederholt sich, bis die gesamte Karte erkundet wurde. Abb. 4.4 zeigt eine Beispielkonfiguration.

4.3. Lokal reaktive Verfahren

Es werden nachfolgenden lokale reaktive Verfahren vorgestellt, die beim Auftreten unerwarteter Hindernisse zum Einsatz kommen können.

4.3.1. Random Walk

Der Random Walk ist eine simple Vorgehensweise bei der Pfadplanung, bei der rein zufallsbasiert ein Pfad erzeugt wird (Révész 2005). Ausgehend von der aktuellen Position wird die nachfolgende Position rein zufällig bestimmt, wobei z.B. jede der vier Möglichkeiten $R = \{links, rechts, oben, unten\}$ im diskreten, zweidimensionalen Raum dieselbe Wahrscheinlichkeit besitzt, also eine Gleichverteilung mit $P_r = \frac{1}{4}, r \in R$ zugrunde liegt.

Eine Erweiterung von Random Walk ist der *Self-Avoiding Random Walk* (Madras und Slade 1996). Bei dieser Variante werden bereits besuchte Positionen auf eine Merkliste gesetzt, so dass sie in zukünftigen Iterationen nicht nochmals betrachtet werden müssen bzw. Pfade sich nicht kreuzen.

4.3.2. Probabilistic Left or Right

Eine Variante von Random Walk mit erhöhter Zielstrebigkeit bei der Wegfindung ist das Verfahren Probabilistic Left or Right. Dabei werden neue Pfadpunkte nicht mehr willkürlich bestimmt, sondern es wird versucht, den Pfad auf direktem Weg von der aktuellen Position aus in Richtung Ziel aufzubauen. Wird ein Hindernis unmittelbar voraus erkannt, so wird dieses mit Wahrscheinlichkeit P_{links} links und mit Wahrscheinlichkeit $P_{rechts} = 1 - P_{links}$ rechts umgangen. Anschließend wird auf direktem Weg weitergefahren.

4.3.3. Genetischer Algorithmus

Genetische Algorithmen sind Optimierungsverfahren. Ähnlich wie bei der biologischen Evolution werden aus einer Reihe von Individuen einer

Population durch wiederholte Kreuzung und Mutation diejenigen ausgewählt, die einer Gütefunktion (Fitnessfunktion) am Besten entsprechen. Anschließend wird dieses Verfahren mit der daraus gewonnenen Population erneut durchgeführt, so lange bis ein globales oder lokales Optimum erreicht wird.

Koryakovskiy, Hoai und Lee (2009) verwenden dieses Prinzip dazu, die Pfadplanung für z.B. mobile Roboter in Umgebungen mit sich bewegenden Hindernissen zu realisieren. Ausgehend von einer Startpopulation der Größe N, bei der jedes Individuum einem durch 3-Punkte-Interpolation erzeugten Pfad entspricht (von der aktuellen Position des Roboters zu einem beliebigen Randpunkt seiner lokalen Karte), wird durch mehrmalige

- Kreuzung (Teilsegmente zweier Pfade werden getauscht) bzw.

- Mutation (Teilsegmente eines Pfades werden durch zufällig neu erzeugte Teilsegmente ersetzt)

der besten Pfade derjenige Pfad bestimmt, der die Fitnessfunktion E^* optimiert. Die Fitness eines Pfades bestimmt sich dabei durch die Summe der Distanz zum zugehörigen Randpunkt, der Anzahl beweglicher Hindernisse auf dem Pfad sowie der Entfernung zu selbigen.

4.3.4. Potentialfeld

Khatib (1986) beschreibt ein Verfahren bei dem die Bahnplanung bzw. der Streckenaufbau in einer von Kräften durchsetzten Umgebung, dem Potentialfeld, erfolgt. Ein anziehendes (*attracting*) Potential U_{att} geht beispielsweise von einer zu erreichenden Zielposition eines mobilen Roboters aus und erzeugt eine Kraft, die ihn in Richtung dieser Position bewegt. Hindernisse hingegen repräsentieren abstoßende (*repelling*) Potentiale U_{rep} und erzeugen wiederum Kräfte, die den Roboter von ihnen weg bewegen. Die Summe $U_{pot} = U_{att} + U_{rep}$ dieser einzelnen Potentiale ergibt das gesamte Potentialfeld. Der negative Gradient dieses Potentialfeldes, also die Richtung des steilsten Abstiegs, bewegt den Roboter schließlich kollisionsfrei zum Ziel. (Park, Jeon und Lee 2001)

4.3.5. Vector Field Histogram

Von Borenstein und Koren (1991) wird ein Verfahren vorgestellt, bei
dem die Umgebung eines mobilen Roboters in Form eines polaren Histogramms wahrgenommen wird. Dieses Histogramm repräsentiert dabei die Häufigkeitsverteilung aufgetretener Hindernisse, die "Hindernis-Dichte". Die Bewegung des Roboters erfolgt schließlich derart, dass auf dem Weg vom Start zum Ziel vorzugsweise Regionen mit geringer bzw. geringster Hindernis-Dichte ausgewählt werden.

Bei der Durchführung des Verfahrens wird die Umgebung zunächst kontinuierlich abgetastet und in ein zweidimensionales Grid, das *Certainty Grid* (*CG*), umgewandelt. Jede Zelle dieses Grid enthält einen Wert, der die Gewissheit, dass sich an dieser Position in der Umgebung des Roboters ein Hindernis befindet, darstellt. Je öfter ein Hindernis bei der Abtastung erkannt wird, desto höher ist der Wert der entsprechenden Zelle im CG.

Anschließend erfolgt die Berechnung eines polaren Histogramms aus dem CG. Dazu wird die Umgebung des Roboters in n gleichwinklige *Sektoren* (z.B. $n = 180$ bei Winkel $\alpha = 2°$ und $360°$-Sichtbereich) eingeteilt und jedem Sektor ein Wert zugewiesen, der seine Hindernis-Dichte darstellt. Je höher ein Wert im polaren Histogramm ist, desto näher befindet sich das Hindernis am Roboter. Befahrbare Sektoren sind schließlich genau dann gegeben, wenn ihr Wert einen Schwellenwert (*Threshold*) im polaren Histogramm unterschreitet.

4.3.6. Nearness Diagram

Das von Minguez und Montano (2004) beschriebene Verfahren Nearness Diagram baut auf dem Paradigma des *situationsbedingten Handelns* bei der verhaltensbasierten Navigation (Arkin 1999) auf, um die Pfadplanung in komplexen Umgebungen durchzuführen. Dazu werden zunächst verschiedene, potentiell mögliche Situationen definiert, in die der Roboter gelangen kann. In welcher Situation sich ein Roboter dabei befindet, erfährt er durch Perzeption - also durch Wahrnehmung z.B. mittels der ihm gegebenen Sensorik. Die Umgebung wird dabei ähnlich wie beim Vector Field Histogram (Kapitel 4.3.5) als Diagramm dargestellt, wobei die einzelnen Werte im Diagramm die Relation des Roboters zu den Hindernissen in seiner Umgebung beschreiben.

Anschließend werden entsprechende Aktionen bzw. Handlungen festgelegt, die der Roboter in der entsprechenden Situation durchzuführen hat. Dies geschieht bei Nearness Diagram durch Traversierung eines Entscheidungsbaums: ausgehend von den aktuell durch die Sensorik erfassten Umgebungsdaten wird durch binäre Entscheidungsfindung ein Pfad in diesem Entscheidungsbaum gesucht, der in einer von fünf fest definierten Situationen endet. Diesen Situationen sind entsprechende Aktionsmuster zugeordnet, die die korrespondierenden Steuerbefehle generieren und den Roboter kollisionsfrei zum Ziel bewegen.

4.3.7. Visibility Graph

Bei Visibility Graph wird die sichtbare Umgebung eines mobilen Roboters in einen Graphen $VG = (V, E)$, transformiert (Rao, Iyengar und deSaussure 1988). Das Ziel ist es, ein Netz aus kollisionsfreien Pfaden von der Quelle zur Senke aufzubauen, wobei jeder Pfad einer Kante $(v_i, v_j) \in E$ mit $v_i, v_j \in V$ aus VG entspricht. Knoten stellen dabei die Eckpunkte von Hindernissen dar und sind durch Kanten, welche Verbindungslinien über den Freiraum oder entlang der Konturen bzw. Ränder der Hindernisse repräsentieren, miteinander verbunden. Zusammen mit der Start- und der Zielposition (die Knoten v_s und v_z, die über zwei zusätzliche Kanten mit VG verbunden sind) ermöglicht das Verfahren schließlich die Ausführung einer *Navigation Mission* - einer Folge von Knoten $v_s, v_1, ..., v_i, v_z$, die den Roboter von der Start- in die Zielposition überführt.

4.3.8. Bug1 und Bug2

Die Algorithmen "Bug1" und "Bug2" (Lumelsky und Stepanov (1987)) ermöglichen eine Pfadplanung in einer unbekannten Umgebung mit Hindernissen in beliebiger Anzahl und Form. Ausgehend von der Startposition wird ein Pfad auf der direkten Verbindungsgeraden zum Ziel aufgebaut. Erkennt die Sensorik ein Hindernis, wird eine Umgehung des selbigen je nach Variante unterschiedlich durchgeführt:

- Variante *Bug1*: das Hindernis wird vom Auftrittspunkt aus vollständig umfahren, um so die Stelle entlang der Hindernis-Kontur mit der kürzesten Entfernung zum Ziel zu finden. Anschließend wird auf der direkten Verbindungsgeraden von diesem Punkt, dem Austrittspunkt, aus weiter in Richtung Ziel verfahren.

- Variante *Bug2*: das Hindernis wird vom Auftrittspunkt aus solange entlang seines Randes umfahren, bis der Punkt gefunden wurde, der auf der ursprünglichen, direkten Verbindungsgeraden vom Start zum Ziel liegt (dieser existiert genau dann, wenn die Verbindungsgerade nicht tangential an der Hinderniskontur liegt). Dieser markiert den Austrittspunkt, von dem aus weiter auf der direkten Verbindungsgeraden in Richtung Ziel verfahren wird.

Die Prozedur endet schließlich, wenn das Ziel erreicht wurde oder wenn erkannt wird, dass es unerreichbar ist.

4.3.9. Best Direction Vector

Aufbauend auf dem in Yang et al. (2010) beschriebenen Konzept soll eine Idee zur kollisionsfreien Pfadplanung erläutert werden, die auf der Wahl des bestmöglichen Richtungsvektors - Best Direction Vector - basiert. Dabei wird vorausgesetzt, dass sich ein z.B. mobiler Roboter in einem diskreten, zweidimensionalen Grid bewegt. Von der momentanen Position ausgehend, werden daraufhin unterschiedliche (Richtungs-)Vektoren betrachtet, die zur Berechnung der nachfolgenden Pfadposition benötigt werden:

- Richtungsvektor zum Ziel (RZ): dieser Vektor zeigt von der momentanen Position aus zur Zielposition.

- Richtungsvektoren zu den Nachbarn (RN_i mit $1 \leq RN_i \leq 8$): diese Vektoren zeigen von der momentanen Position aus zu allen möglichen, hindernisfreien Nachbarpositionen.

Anschließend werden die Winkel $\angle(RZ, RN_i)$ zwischen RZ und allen RN_i berechnet. Die nachfolgende Position bestimmt sich durch den Richtungsvektor RN_i, der den kleinsten Winkel zur RZ besitzt.

5. Klassifizierung von Algorithmen zum dezentralen Aufbau einer Fördersstrecke

Im vorangegangenen Kapitel 4 wurden verschiedene Verfahren aus den Bereichen Wegfindung, Erkundung und Reaktivem Verhalten vorgestellt, die als Grundlage für die Entwicklung von Vorgehensweisen zum dezentralen Aufbau einer Förderstrecke dienen. Hierbei ergeben sich drei prinzipielle mögliche Vorgehensweisen, die nachfolgend beschrieben werden.

Der naheliegendste Ansatz dieses Problems ist der direkte Aufbau der Förderstrecke, d.h. die Einzelelemente docken nacheinander am Ende der Förderstrecke an und bauen so eine Förderstrecke zwischen Quelle und Senke auf. Bei Entdeckung von Hindernissen wird eine Neuplanung durchgeführt. Nachfolgend wird diese Algorithmenklasse als Progressive Algorithmen bezeichnet.

Bei genauer Betrachtung stellt sich häufig heraus, dass komplexe Probleme als eine Kombination von einfacheren Problemen abgebildet werden können. Der Aufbau einer Förderstrecke in einer unbekannten Umgebung kann in die Teilprobleme "Erkundung der Umgebung" und "Aufbau einer Förderstrecke in einer bekannten Umgebung" zerlegt werden. Lösungsansätze, die das Problem in diese zwei Teilprobleme zerlegen, werden nachfolgend als Erkundungsalgorithmen klassifiziert. Wenn nicht die vollständige Karte erkundet wird, sondern nur ein gerichteter Korridor zwischen Quelle und Senke, spricht man von Gerichteten Erkundungsalgorithmen. Nachfolgend werden diese drei Klassen genauer dargestellt.

5.1. Progressive Algorithmen

Ein Ansatz zur Lösung der Problemstellung ist der direkte Aufbau der Förderstrecke. Das erste Einzelelement bewegt sich zur Quelle und plant von dort die Förderstrecke mit einem Pfadplanungsalgorithmus (z.B. A*). Anschließend wird die Förderstrecke direkt aufgebaut. Somit wird die Erkundungszeit gleichzeitig als Aufbauzeit genutzt (siehe Abb. 5.1). Die geplante Förderstrecke kann in einer Sackgasse enden, da zu Beginn nur die Position der Quelle, die Position der Senke und die Positionen der statischen Hindernisse bekannt sind. In solchen Fällen muss ein neuer Pfad berechnet und die Förderstrecke entsprechend des neuen Pfads umgebaut werden.

(a) Karte nicht erkundet.

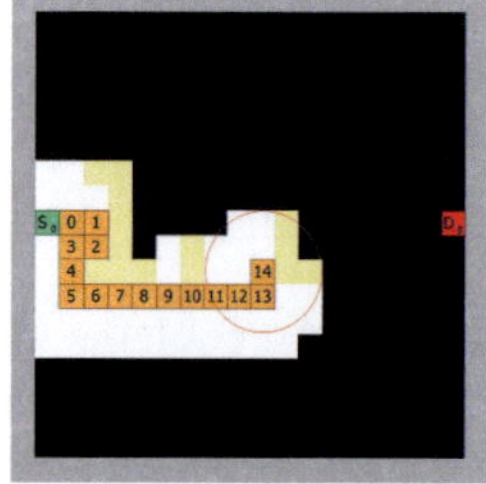

(b) Förderstrecke wird direkt aufgebaut, parallele Erkundung (Kreis≙Sichtweite).

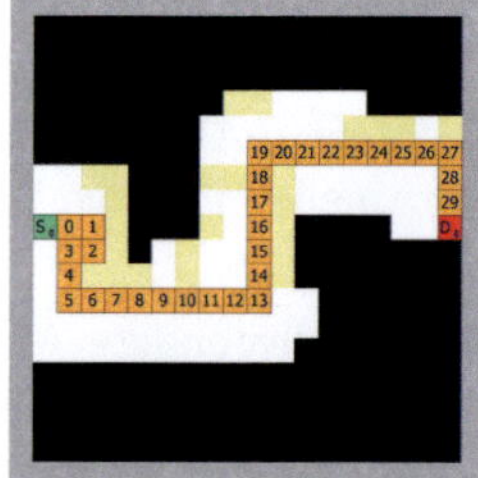

(c) Vollständige Förderstrecke zwischen Quelle und Senke aufgebaut.

Abbildung 5.1.: Prinzip: Progressive Algorithmen

Der Hauptvorteil dieser Strategie liegt in der schnellen Gesamtlaufzeit auf einfachen Karten ohne viele verschachtelte Gänge, da unnötige Erkundungsbewegungen vermieden werden.

Auf komplexen, labyrinthartigen Karten liefert diese Strategie jedoch nur sehr schlechte Ergebnisse, da geplante Förderstrecken häufiger in Sackgassen enden. Im schlimmsten Fall muss die Förderstrecke komplett abgebaut werden. Diese Abbau bzw. Umbauaktionen sind immer mit einem zusätzlichen Zeit− und Energieaufwand verbunden. Weiterhin kann nicht zugesichert werden, dass eine gefundene Lösung eine optimale Lösung[1] bezüglich der Länge der Förderstrecke ist, da häufig keine vollständige Karte mit allen Hindernissen vorliegt.

5.2. Erkundungsalgorithmen

Erkundungsalgorithmen zerlegen die komplexe Aufgabe in zwei einfachere, beherrschbare Einzelprobleme. So kann das Problem *Aufbau einer Förderstrecke in einer unbekannten Umgebung* in die Teilprobleme *Erkundung der Umgebung* und *Aufbau einer Förderstrecke in einer bekannten Umgebung* zerlegt werden. Abbildung 5.2 zeigt, wie zuerst die Karte vollständig aufgedeckt wird. Erst nachdem ein Einzelelement eine vollständige Karte der Umgebung erlangt hat, plant es die Förderstrecke.

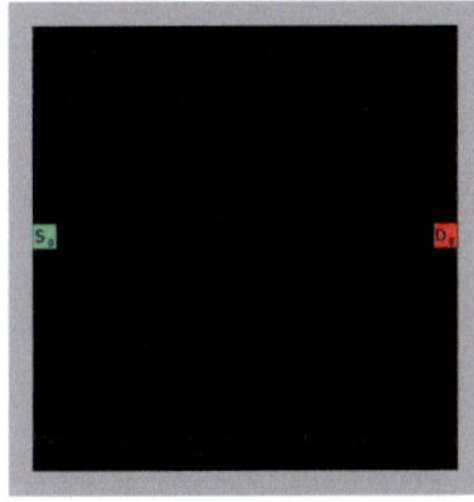

(a) Karte nicht erkundet.

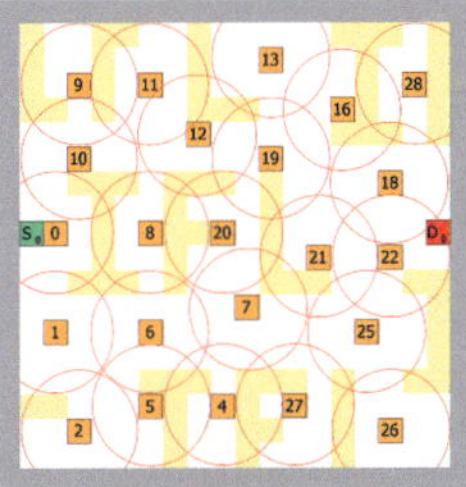

(b) Umgebung wird vollständig erkundet (Kreis≙Sichtweite).

(c) Vollständige Förderstrecke zwischen Quelle und Senke aufgebaut.

Abbildung 5.2.: Prinzip: Erkundungsalgorithmen

Erkundungsalgorithmen haben einen entscheidenden Vorteil. Auf einer bekannten Karte kann unter Verwendung eines Pfadplanungalgorithmus (z.B. A*) immer eine optimale Förderstrecke geplant und aufgebaut werden, da alle Einflussgrößen bekannt sind und folglich keine Unsicherhei-

---

[1]die Lösung kann "optimal" hinsichtlich unterschiedlicher Kriterien sein, z.B. Länge, der Durchlaufgeschwindigkeit, Energieaufwands für den Transport von Quelle zu Senke,...

ten existieren. Diese Strategie verlangt jedoch, dass immer die gesamte Karte erkundet wird.

5.3. Gerichtete Erkundungsalgorithmen

Zum Aufbau eines optimalen Stetigförderers zwischen einer Quelle und einer Senke muss nicht zwingend die gesamte Umgebung erkundet werden, sondern nur der optimale Pfad zwischen Quelle und Senke. Auf einer partiell erkundeten Karte ist es jedoch nicht notwendigerweise ersichtlich, ob ein gefundener Pfad der optimale Pfad ist. Trotzdem ist die Betrachtung dieser spezielle Klasse der Erkundungsalgorithmen sinnvoll, da eine minimal schlechteren Lösung der optimalen Lösung vorzuziehen ist, wenn der Aufwand zur Bestimmung der optimalen Lösung wesentlich größer ist als der Aufwand zur Bestimmung der minimal schlechtere Lösung. In Abbildung 5.3 ist der Ablauf eines Gerichtete Erkundungsalgorithmen dargestellt. Zuerst erkundet ein Einzelelement gerichtet die Karte von der Quelle zur Senke. Sobald dieses Einzelelement einen Pfad zwischen Quelle und Senke gefunden hat, plant es eine optimale Förderstrecke durch das erkundete Gebiet.

(a) Karte nicht erkundet.

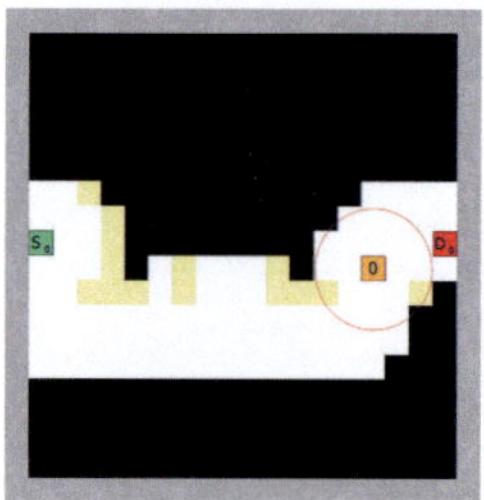

(b) Einzelelement erkundet Korridor zur Senke (Kreis≙Sichtweite).

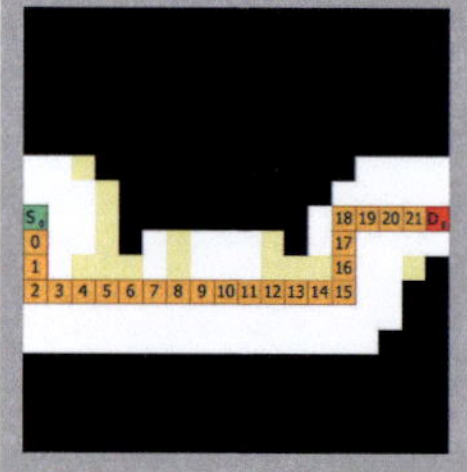

(c) Vollständige Förderstrecke zwischen Quelle und Senke aufgebaut.

Abbildung 5.3.: Prinzip: Gerichtete Erkundungsalgorithmen

Diese Klasse vereinigt die Vorteile von Progressiven Algorithmen und Erkundungsalgorithmen. Aufwendige Umbaumaßnahmen, die in Progressiven Algorithmen durch Fehlplanungen verursacht werden, können in den Gerichtete Erkundungsalgorithmen vermieden werden, da Gerichtete Erkundungsalgorithmen mit einer partiellen Erkundung der Karte beginnt. Weiterhin werden viele unnötige Erkundungsaktionen vermieden, da Gerichtete Erkundungsstrategien den Erkundungsprozess abbrechen, sobald sie einen Pfad zwischen Quelle und Senke entdeckt haben. Dies vermeidet die unnötigen Erkundungsaktion, die in den klassischen Erkundungsalgorithmen zu einem unnötigen Mehraufwand führen.

Jedoch können die Gerichteten Erkundungsstartegien nicht zusichern, dass die geplante Förderstrecke eine optimale Förderstrecke ist, da der gefundene Pfad zwischen Quelle und Senke nicht notwendigerweise ein optimaler Pfad zwischen Quelle und Senke ist. Dazu muss die gesamte Karte erkundet werden.

5.4. Gegenüberstellung der einzelnen Klassen von Algorithmen

Tabelle 5.1 gibt einen Überblick über die Vor- und Nachteile der einzelnen Klassen an Algorithmen. Die einzelnen Bewertungskriterien (Aufwand, Qualität und Robustheit) werden in Kapitel 7 ausführlich beschrieben.

	EA	GEA	PA
Robustheit	++ (Gültiger Pfad im Iterrationslimit)	++ (Gültiger Pfad im Iterrationslimit)	+- (Iterrationslimit kann überschritten werden)
Aufwand	+- (M = minimal N = maximal)	+- (M = lokal optimal N = hoch)	+ (M = [min,max] N = 0)
Qualität	++ (Es wird immer der optimale Pfad gefunden.)	+- (Der aufgebaute Pfad ist lokal optimal.)	- (Der aufgebaute Pfad kann erheblich vom optimalen Pfad abweichen.)

M = Anzahl benötigte Einzelelementen für den Aufbau der Förderstrecke;
N = Anzahl benötigte Einzelelementen für die Erkundung

Tabelle 5.1.: Gegenüberstellung der einzelnen Klassen von Algorithmen

6. Algorithmen zur autonomen Konfiguration von Förderstrecken

Die in Kapitel 5 vorgestellte Klassifizierung beschreibt grundlegende Vorgehensweisen zur Lösung des Problems. In der Praxis macht es jedoch wenig Sinn, diese spezialisierten Vorgehensweisen zu verwenden, da diese meist starke Nachteile (siehe Tab. 5.1) in einzelnen Bereichen aufweisen. Ziel muss es also sein, die Vorteile der einzelnen Klassen zu kombinieren, bzw. einen ausbalancierten Weg zwischen den verschieden Optimierungskriterien (z.B. benötigter Aufbauzeit, verwendete EE, usw.) zu erreichen. Nachfolgend werden Verfahren vorgestellt die erstmals die Problemstellung des dezentralen Aufbaus einer Förderstrecke lösen, sollte eine Lösung existieren. Das Ziel der Verfahren ist, die Vorteile der einzelnen Klassen (siehe Kapitel 5) zu vereinen. Die Verfahren werden im Folgenden beschrieben und im Anschluss wird der Beweis geführt, dass die Allgemeingültigkeit der Verfahren ohne Beschränkung besteht, d.h. diese stets terminieren und somit immer eine Lösung finden, sollte diese existieren.

6.1. Partial Build on Directed Exploration (BonE)

Wie die meisten Verfahren ist auch BonE ein Mischverfahren aus den vorgestellten Klassen in Kapitel 5. Die Grundidee basiert jedoch auf der gerichteten Erkundung (Kapitel 5.3), wobei bereits während der Erkundungsphase Teile der Förderstrecke aufgebaut werden. Dies geschieht mit dem Wissen, dass Teile des bereits aufgebauten Pfades rückgebaut werden müssen, falls neue Hindernisse erkannt werden und den geplanten Pfad blockieren.

Im Folgenden wird die Funktionsweise des Verfahrens vorgestellt. Daraufhin wird im Detail auf den eigentlichen Algorithmus bzw. die Entscheidungsfunktion τ_{BonE} eingegangen und diese hinsichtlich Ihrer Allgemeingültigkeit ohne Beschränkung untersucht.

6.1.1. Funktionsweise

Im ersten Schritt berechnet der Auftragsempfänger (Masterelement ee_M) den kürzesten Pfad P_{QS} zwischen der Quelle und der Senke, wobei alle unbekannten Felder als befahrbar angenommen werden (Abb. 6.1a). Für die Pfadplanung kommt eine erweiterte Variante von A^* zum Einsatz, die als erstes Optimierungskriterium die Pfadlänge und als zweites die Zahl der Richtungswechsel minimiert.

Im nächsten Schritt bewegt sich ee_M auf die erste Position des zuvor geplanten Pfades P_{QS}. Werden auf dem Weg dorthin Hindernisse erkannt, wird ggf. eine Neuplannung P'_{QS} von P_{QS} vorgenommen. Anschließend wird dann der - evtl. geänderte - erste Pfadpunkt von P'_{QS} angefahren.

Sobald die entsprechende Position neben der Quelle erreicht wurde, fordert ee_M das erste Workerelement (ee_{W_1}) auf dem enferntesten, noch sichtbaren Punkt des Pfades P_{QS} (bzw. P'_{QS}) an (Abb. 6.1b). Jedes neu positionierte Workerelement ee_{W_i} übermittelt dabei erkannte Hindernisse und wiederum den letzten sichtbaren Pfadpunkt in Richtung der Senke an ee_M. Auf letztgenanntem fordert ee_M daraufhin weitere Worker an (Abb. 6.1c, Workerelemente ee_{W_2} und ee_{W_3}).

Dieser Vorgang wird solange wiederholt, bis sich ein Workerelement

ee_{W_i} direkt neben der Senke befindet (Abb. 6.1e), die Pfadplanung keine gültige Lösung mehr findet oder ein Hindernis P_{QS} blockiert (Abb. 6.1c). Bei letzterem findet eine Neuplanung P'_{QS} von P_{QS} durch ee_M statt, wobei alle Workerelemente, die sich nicht mehr auf dem neu berechneten P'_{QS} befinden, aufgefordert werden, sich zu entfernen (Abb. 6.1d). Anschließend wird der Aufbau der geplanten Förderstrecke mit P'_{QS} ab der Position der Änderung fortgesetzt (Abb. 6.1e).

Im letzten Schritt (siehe Abb. 6.1f) werden die Lücken zwischen den bereits platzierten Workerelementen und dem Masterelement mit weiteren Workerelementen auf P_{QS} bzw. P'_{QS} in Richtung der Senke aufgefüllt. Hierzu fordert jedes Einzelelement, das ein freies Feld als direkten Nachbarn hat, ein Worker-element an der entsprechenden Position an. Dieser Vorgang wird sooft wiederholt, bis alle Lücken gefüllt sind und damit die Förderstrecke vollständig aufgebaut wurde.

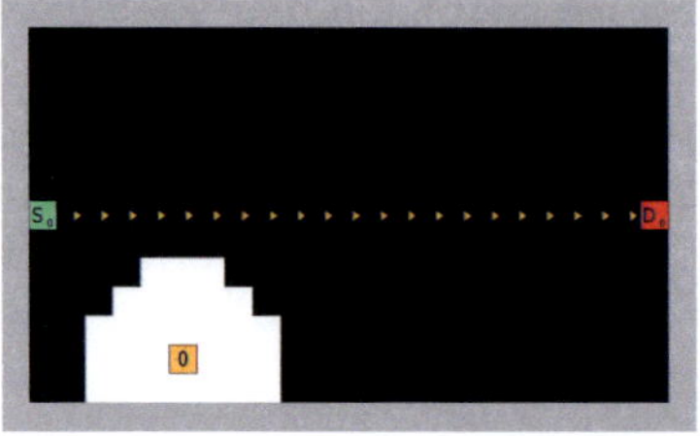

(a) Der Auftragsempfänger (Masterelement ee_M) fährt auf die erste Position des zuvor geplanten Pfades P_{QS} von der Quelle S_0 zur Senke D_0

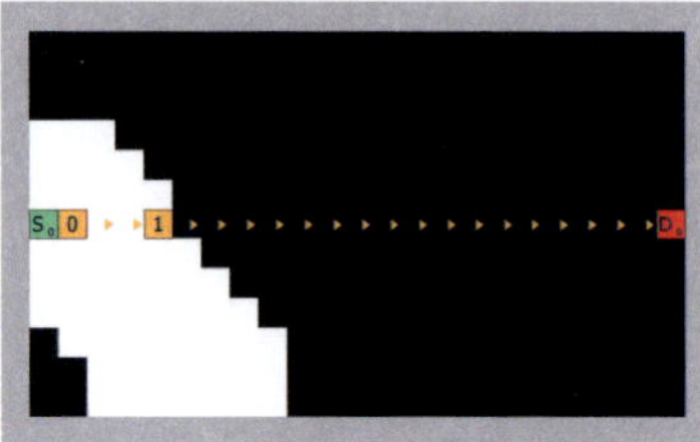

(b) ee_M fordert neue Workerelemente ee_{W_i} auf dem jeweils entferntesten, noch sichtbaren Punkt des geplanten Pfades P_{QS} an

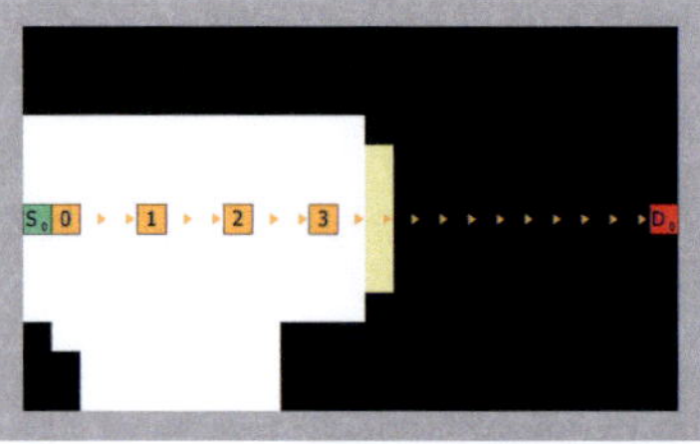

(c) Sobald ein Hindernis erkannt wird, welches P_{QS} blockiert, berechnet ee_M...

(d) ... einen neuen Pfad P'_{QS} von S_0 nach D_0 und fordert alle nun falsch platzierten Workerelement ee_{W_i} auf, sich zu entfernen. Dabei muss er ggf. seine eigene Position ebenfalls wechseln

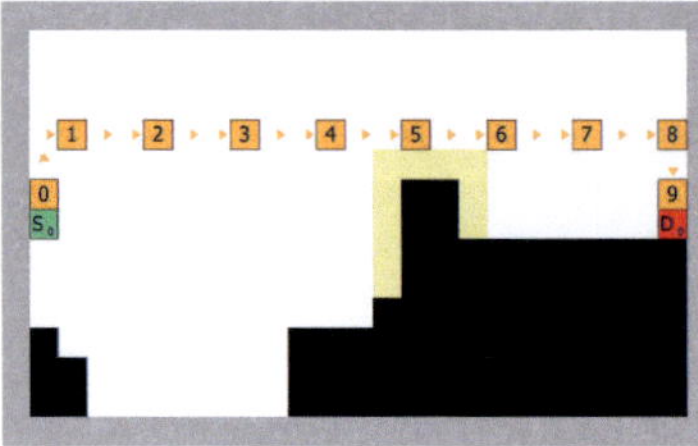

(e) Schritte (a)-(d) werden solange wiederholt, bis ein Workerelement neben der Senke steht

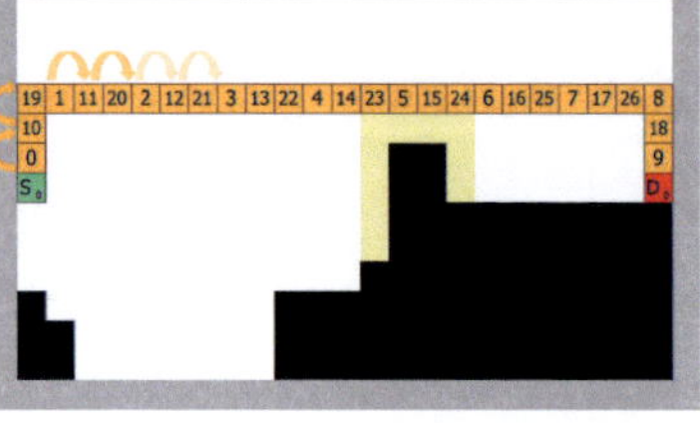

(f) Anschließend werden weitere Workerlemente an den freien Stellen des Pfades P_{QS} angefordert.

Abbildung 6.1.: BonE: Funktionsweise

6.1.2. Entscheidungsfunktion τ_{BonE}

Die Entscheidungsfunktion τ_{BonE} stellt die Implementierung des BonE-Verfahrens dar und wird durch den Algorithmus 10 repräsentiert.

Der Algorithmus startet, sobald ein Einzelelement ee einen Auftrag zum Aufbau einer Förderstrecke erhalten hat. Dieses Einzelelement wird im weiteren Verlauf *Masterelement* bzw. ee_M genannt. Alle anderen, zu diesem Auftrag gehörenden Einzelelemente sind sogenannte *Workerelemente*, kurz ee_{W_i}.

Als Eingabe erhält der Algorithmus die Parameter über das ausführende Einzelelement ee, eine Karte K der Umgebung sowie eine Nachrichtenliste NL mit eventuell von anderen Einzelelementen empfangenen Nachrichten. Durch den impliziten Parameter ee_M weiß darüber hinaus jedes Workerelement, wer das Masterelement ist. Anschließend erfolgt die Abarbeitung der Anweisungen, wobei als erstes die aktuelle Lasersicht angefordert und die ggf. neu gewonnen Informationen über freie Felder und Hindernisse zu K hinzugefügt werden. Zur besseren Abgrenzung wird im Folgenden eine Fallunterscheidung zwischen Master- und Workerelement durchgeführt.

Ablaufbeschreibung Masterelement (BonE-Masterfunktion)

Sofern sich ee_M nicht neben der Quelle auf der ersten Position des kürzesten Pfades P_{QS} von ihr zur Senke befindet, bewegt es sich zunächst an diese Stelle (Zeilen 20-21). Dabei fährt es schrittweise von Feld zu Feld und fordert nach jeder Bewegungsaktion die Lasersicht erneut an. Falls dadurch der bereits geplante Pfad P_{QS} durch neu erkannte Hindernisse blockiert wird, wird er automatisch neu berechnet ($\rightarrow P'_{QS}$). Sollte des Weiteren der Weg zur Quelle, den ee_M momentan entlangfährt, vollständig durch Hindernisse blockiert sein, bricht das Verfahren an dieser Stelle ab, da keine Förderstrecke aufgebaut werden kann.

Sollte ee_M die Quelle jedoch an der entsprechenden Position erreichen, fordert es das erste Workerelement ee_{W_i} an (Zeile 23). Durch die Überprüfung in Zeile 22 wird sichergestellt, dass ee_M zu Beginn nur *ein einziges* Workerelement anfordert. Anschließend wartet ee_M, bis es Nachrichten von Workerelementen empfängt.

Algorithmus 10: Partial Build on Directed Exploration (BonE)

Eingabe : Aktuelles *ee*, lokale Karte K und Nachrichtenliste
NACHRICHTEN
Implizit : Masterelement ee_M und Pfad P_{QS}
Ausgabe : Nächste Aktion
// Hole Lasersicht und aktualisiere lokale Karte
1 K $\leftarrow$ AktualisiereKarte(K, BerechneLasersicht())
2 **if** Auftragsempfänger(*ee*) = TRUE **then**
3 | $ee_M \leftarrow ee$ // Wird bei Anforderung den
   | Einzelelementen mitgeteilt
   | // Aufruf der Master-Funktion, sofern das
   | momentane Einzelelement der
   | // Auftragsempfänger ist
4 | **return** MasterFunktion()
5 **else**
   | // Bei jedem weiteren Einzelelement handelt es
   | sich um einen Worker
6 | **return** WorkerFunktion()

Falls eine Nachricht vom Typ *ErkannteHindernisse* eintrifft, bedeutet dies, dass ein neu platziertes Workerelement ee_{W_i} Informationen über ggf. in seiner Umgebung erkannte Hindernisse geschickt hat. Daraufhin aktualisiert ee_M seine eigene Karte K mit diesen Daten (Zeile 3). Im weiteren Verlauf muss es nun prüfen, ob der ursprünglich geplante Pfad P_{QS} noch frei ist oder durch ein neu erkanntes Hindernis blockiert wird (Zeilen 4-9). Dabei kann der Fall eintreten, dass der Pfad nicht mehr existiert und somit das gesamte Verfahren ohne eine erfolgreich aufgebaute Förderstrecke abgebrochen werden muss. Sofern der Pfad jedoch existiert, müssen sich alle evtl. nicht mehr auf diesem Pfad befindlichen Workerelemente entfernen (Zeilen 8-9).

Nach dieser Prozedur wird inspiziert, ob sich das Workerelement, das zuletzt Hindernisinformationen geschickt hat, bereits neben der Senke befindet (Zeilen 10-13). Sollte dies zutreffen, können nun die einzelnen Teilpfade zwischen den bereits platzierten Workerelementen und dem Masterelement aufgebaut werden, wobei dies durch die Nachricht 'ErzeugePfad' angeordnet wird. Andernfalls werden solange neue Workerelemente an der letzten sichtbaren Position des gesamten erkundeten Gebiets entlang des Pfades P_{QS} angefordert (Nachricht *LetztePosition*), bis eines davon neben der Senke steht oder erkannt wurde, dass kein Pfad zur Senke existiert, da es kein weiteres freies Feld mehr gibt, auf dem ein Workerelement platziert werden kann (Zeilen 15-16).

Wenn ein Weg zur Senke jedoch existiert und die Teilpfade aufgebaut werden können, empfängt das Masterelement daraufhin von jedem auf den einzelnen Pfadpunkten der Teilpfade angeforderten Workerelement eine Nachricht vom Typ *EndPositionErreicht*. Während dieser Phase kann es passieren, dass ein Teilpfad durch ein neu erkanntes Hindernis blockiert wird, da die Workerelemente nach wie vor Nachrichten vom Typ *ErkannteHindernisse* an das Masterelement schicken. In diesem Fall entfernen sich die entsprechenden, falsch platzierten Einzelelemente und es wird eine Neuplanung durch ee_M durchgeführt.

Sollte jedoch kein weiteres, bisher unbekanntes Hindernis existieren, überprüft ee_M nach jeder empfangenen Nachricht des Typs *EndPositionErreicht*, ob die Anzahl der auf der Karte platzierten Einzelelemente der Länge des Pfades P_{QS} entspricht. Da jeder Teilpfad schrittweise aufgebaut wird, trifft dies zu, sobald alle entsprechenden Zwischenpositionen mit Workerelementen aufgefüllt wurden (Zeilen 18-19).

Funktion Masterfunktion

Eingabe : Aktuelles ee, Karte K und Nachrichtenliste NL
Ausgabe : Nächste Aktion

1   $P_{QS} \leftarrow$ BerechnePfad(K, Position(QUELLE),
Position(SENKE))

2   **if** NL('ErkannteHindernisse') **then**

3   FügeHindernisseHinzu(K, NL('ErkannteHindernisse'))

4     $P_{QS_{alt}} \leftarrow P_{QS}$

5     $P_{QS} \leftarrow$ BerechnePfad(K, Position(QUELLE),
Position(SENKE))

6   **if** $P_{QS} =$ NULL **then return** Fertig(FALSE)

7   **if** $P_{QS} \neq P_{QS_{alt}}$ **then** // Entferne EE, die nicht mehr
auf Pfad

8   **forall the** $ee_{falsch} \in$
FindeAlleFalschPlatziertenEE(P_{QS}, $P_{QS_{alt}}$) **do**

9   SendeNachricht(ee_{falsch}, 'EntferneEE')

10   **if** SenkeErreicht(K, P_{QS},
Position(NL('ErkannteHindernisse').Absender)) $=$ TRUE
then

11   FordereNeuesEEAn(BestimmeNächstenPfadpunkt())

12   **forall the** $ee \neq ee_M$ **do**

13   SendeNachricht(ee, 'ErzeugePfad')

14   **else**

15       $ee_{neu} \leftarrow$ FordereNeuesEEAn(NL('LetztePosition'))

16   **if** $ee_{neu} =$ -1 **then return** Fertig(FALSE)

17   **if** NL('EndPositionErreicht') **then**

18   **if** AnzahlEE() $=$ Länge(P_{QS}) **then**

19   **return** Fertig(TRUE)

20   **if** Position(ee_M) $\neq$ ErstePosition(P_{QS}) **then**

21   **return** FahreZuPosition(ErstePosition(P_{QS}))

22   **else if** AnzahlEE() $=$ *1* **then**

23   **return**
FordereNeuesEEAn(BerechneLetztenSichtbarenPfadpunkt(K,
P_{QS}))

Ablauf beim Workerelement (BonE-Workerfunktion)

Sofern von ee_M keine Nachrichten empfangen wurden, schickt das aktuelle Workerelement ee_{W_i} die durch einen Laserscan erkannten Hindernisse sowie die letztmögliche Position innerhalb des Sichtradius entlang des Pfades P_{QS} an ee_M. Im Anschluss daran ist es zunächst mit der Abarbeitung seiner Aufgaben fertig (Zeilen 10-11).

Sollte zu einem späteren Zeitpunkt eine Nachricht vom Typ *EntferneEE* eintreffen, bedeutet dies, dass das Workerelement nicht mehr auf dem ursprünglich geplanten Pfad P_{QS} steht und sich entfernen muss. Dieser Fall kann eintreten, wenn neu erkannte Hindernisse P_{QS} blockieren (Zeilen 1-2).

Falls ee_{W_i} oder ein anderes Workerelement neben der Senke steht, empfängt es von ee_M eine Nachricht vom Typ *ErzeugePfad*, wodurch es aufgefordert wird, den Teilpfad bis zum nächsten bereits platzierten Workerelement $ee_{W_{i+1}}$ oder bis zur Senke mit weiteren Workerelementen rekursiv aufzufüllen. Im Anschluss daran schickt es an ee_M Informationen über die erkannten Hindernisse (die ggf. eine Neuplanung erforderlich machen) oder meldet ihm, dass es mit dem Anfordern des nächsten Workerelements des Teilpfades fertig ist (Zeilen 3-9).

Funktion Workerfunktion

    Eingabe : Aktuelles ee, Karte K und Nachrichtenliste NL
    Implizit : Masterelement ee_M und Pfad P_{QS}
    Ausgabe : Nächste Einzelaktion

```
1 if NL('EntferneEE') then
      // Worker steht nicht mehr korrekt und muss sich
      entfernen
2 |   return Entfernen()
3 else if NL('ErzeugePfad') then
      // Neue Elemente anfordern, um Teilpfade
      aufzubauen
4 |   ee_neu ←
      FordereNeuesEEAn(BestimmeNächstenPfadpunkt())
5 |   if ee_neu ≠ NULL then
6 |   |   SendeNachricht(ee_neu, 'ErzeugePfad')
      // Schicke dem Masterelement erneut
      Hindernisdaten und melde
      // ihm, dass ein Zwischenelement angefordert
      wurde
7 |   SendeNachricht(ee_M, 'ErkannteHindernisse',
      ExtrahiereHindernisse(K))
8 |   SendeNachricht(ee_M, 'EndPositionErreicht')
9 |   return
```

     // Hindernisinformationen an Masterelement senden. Sofern keine
     // Hindernisse erkannt wurden, kann diese Liste auch leer sein

```
10 SendeNachricht(ee_M, 'ErkannteHindernisse',
   ExtrahiereHindernisse(K))
```

     // Bestimme letzten sichtbaren Pfadpunkt entlang des vom Master
     // berechneten und momentan gültigen Pfades zur Senke

```
11 SendeNachricht(ee_M, 'LetztePosition',
   BerechneLetztenSichtbarenPfadpunkt(K, P_QS))
```

6.1.3. Rahmenbedingungen

Nachfolgend werden die Rahmenbedingungen für BonE, die zur Überprüfung der Allgemeingültigkeit notwendig sind, aufgestellt.

Voraussetzungen

- Eine beliebige KARIS-Umgebung $\Phi = (Q, S, EE, DH, SH, \mathcal{K}, \mathcal{Z}, \mathcal{A}, \psi)$
- Eine beliebige Quelle $q \in Q$ und eine beliebige Senke $s \in S$
- Ein beliebiges Einzelelement $ee \in EE$ im Zustand $z \in Z$

Definitionen

- Sobald ein Einzelelement, im Rahmen eines Auftrags, eine Rolle zugewiesen bekommen hat gilt folgende Notation:
  Masterelement (Auftragsempfänger) $\Rightarrow ee_M$
  Workerelemente mit Index $i \Rightarrow ee_{W_i}$

- $DH_M \subseteq DH$ ist die Menge der dynamischen Hindernisse die dem Masterelement ee_M bekannt sind

- P ist ein beliebiger, evtl. hindernisblockierter Pfad zwischen ee_M und s

- Die Funktion $FindePfad$ bewertet unbekannte Felder als befahrbare Felder.

- $E\mathcal{A} = \{ea_{MB}, ea_{WA}, ea_{WE}, ea_{WF}\}$ ist eine Menge an Einzelaktion, wobei gilt:
  - ea_{MB}: Masterelement bewegt sich
  - ea_{WA}: neues Workerelement wird an einer Position angefordert
  - ea_{WE}: ein vorhandenes Worker-Element wird entfernt
  - ea_{WF}: ein Workerelement ist mit seiner Abarbeitung fertig

Zielsetzung

Gesucht ist eine Folge von Aktionen $\pi = \{a_1, \ldots, a_n\}$ mit $a_i = (\ldots, ea_{ee_i}, \ldots)$ und $ea_{ee_i} \in E\mathcal{A}$, so dass nach einer endlichen Anzahl an Zustandsübergängen eine Förderstrecke zwischen q und s aufgebaut wird.

6.1.4. Überprüfung der Allgemeingültigkeit

Nachfolgend wird die Allgemeingültigkeit des BonE-Verfahrens bzw. der dazugehörigen Entscheidungsfunktion τ_{BonE}, unter den gegebenen Rahmenbedingungen aus Kapitel 6.1.3 und der in Kapitel 3 gezeigten Problemstellung überprüft.

Ein Einzelelement ee_i ist entweder *Master* oder *Worker*, daher muss im Folgenden eine Fallunterscheidung durchgeführt werden.

Fall: $ee_i = ee_M$ (Masterelement)

Solange ee_M nicht neben der Quelle steht, also $ee_M \notin DNF_q$ gilt, generiert der Algorithmus die Aktion $\tau_{BonE}(ee_M, z) = ea_{MB}$ (Masterfunktion, Zeilen 20-21). Dabei wird in jedem Zustand anhand der aktuellen Lasersicht die Menge der dynamischen Hindernisse bestimmt und zur Menge der bereits bekannten dynamischen Hindernisse $DH_M \subseteq DH$ des Masterelements ee_M hinzugefügt (Algorithmus 10, Zeile 1).

Da $|BF| < \infty$ gilt, steht ee_M nach endlich vielen Zustandsübergängen entweder neben q oder es wird ein Endzustand $z_{Fehler} \in \mathcal{Z}$ erreicht, in dem keine Förderstrecke zwischen q und s aufgebaut wurde, da q von der Anfangsposition von ee_M aus nicht erreichbar ist. $\qquad\square$

Falls ee_M in einem bestimmten Zustand jedoch neben q steht, also $\exists z \in \mathcal{Z} : ee_M \in DNF_q$ gilt $\Rightarrow ee_M$ fordert nun sukzessive endlich viele (da $|BF| < \infty$) neue Workerelemente $ee_{W_0}, \ldots, ee_{W_n}$ am Rand der gesamten bereits erkundeten Fläche entlang des kürzesten Pfades P zu s an, d.h. $\tau_{BonE}(ee_M, z_i) = ea_{WA}$ ($\forall i \in \{0, \ldots, n\}$ und $z_0 = z$) (Masterfunktion, Zeile 23 und 15).

Mit jedem neu angeforderten Workerelement ee_{W_i} erhält ee_M im Zustand z_i Informationen über ggf. erkannte dynamische Hindernisse $DH_{W_i} \subseteq DH$ in der Umgebung von ee_{W_i} und fügt diese zu seinen bereits bekannten Hindernissen DH_M hinzu.

Daraufhin kann ee_M den bisher geplanten Pfad P erneut auf Gültigkeit überprüfen und ihn ggf. neu planen, falls er durch ein dynamisches Hindernis blockiert wird. Dabei gilt:

(a) $\forall j \in \{0, \ldots, n\}$: falls $\theta(ee_{W_j}, z_i) \notin P$ nach der Neuplanung $\Rightarrow$ Jedes dieser ee_{W_j} wird wieder entfernt ($\tau_{BonE}(ee_M, z_i) = ea_{WE}$ für alle entsprechenden ee_{W_j} in Masterfunktion, Zeilen 8-9)

(b) Sollte in z_i gelten, dass s noch nicht entdeckt wurde und das nachfolgende Workerelement $ee_{W_{i+1}}$ nicht mehr neu angefordert werden kann, da alle möglichen befahrbaren Felder bereits besucht wurden oder sämtliche Pfade zu s durch Hindernisse blockiert werden (der Pfad P existiert dann nicht mehr und die Funktion *BerechneLetztenSichtbarenPfadpunkt* liefert *NULL* zurück), so ist z_i ein Endzustand, der Algorithmus terminiert (Masterfunktion, Zeile 16) und es existiert keine Förderstrecke zwischen q und s. $\square$

(c') Da jedes Workerelement ee_{W_i} immer am Rand der bereits erkundeten Fläche platziert wird, bedeutet jedes ee_{W_i} für ee_M automatisch einen *Zugewinn* an Informationen über freie Felder und Hindernisse, bei letzterem gilt also $|DH_M \cup DH_{W_i}| > |DH_M|$

Da $|BF| < \infty$ und nach (c) die Anzahl $|DH_M|$ der erkundeten dynamischen Hindernisse gegen die Anzahl $|DH|$ aller dynamischen Hindernisse auf der Karte tendiert, kann geschlussfolgert werden, dass es nach endlich vielen Zustandsübergängen ein Workerelement ee_{W_n} geben muss, welches direkter Nachbar von s ist: $ee_{W_n} \in DNF_s$. Andernfalls würde Punkt (b) zutreffen.

Somit wurde ein Pfad von q nach s gefunden, dessen Teilpfade mit weiteren Einzelelementen aufgefüllt werden müssen (Masterfunktion, Zeilen 10-13) $\Rightarrow$ es werden rekursiv für jeden Teilpfad und jedes darauf neu angeforderte Workerelement die Aktionen $\tau_{BonE}(ee, z) = ea_{WA}$ und $\tau_{BonE}(ee', z') = ea_{WF}$ mit $ee, ee' \in \{ee_M, ee_{W_0}, ee_{W_1}, \ldots, ee_{W_n}, \ldots\}$ generiert, wobei $ee_{W_{ij}}$ das j. Workerelement des i. Teilpfades ist. Sofern ein Teilpfad nicht aufgebaut werden kann, weil er durch ein bis dahin unbekanntes dynamisches Hindernis blockiert wird, muss die Förderstrecke abgebaut werden ($\tau_{BonE}(ee_M, z) = ea_{WE}$) und eine Neuplanung durch ee_M durchgeführt werden.

Andernfalls gibt es nach Aufbau aller Teilpfade einen Endzustand $z_E \in \mathcal{Z}$, in dem eine Förderstrecke von q nach s aufgebaut wurde. $\qquad\square$

Fall: $ee_i = ee_{W_i}$ (Workerelement)

Ein Workerelement ee_{W_i} liefert dem Masterelement ee_M mittels Laserscan Informationen über dynamische Hindernisse, die sich in seiner Umgebung befinden. Anschließend bleibt seine Position entweder fix oder es wird mittels Nachricht durch ee_M angewiesen, sich zu entfernen (z.B. wenn es nicht mehr auf dem geplanten Pfad steht oder die gesamte Förderstrecke wieder abgebaut werden muss).

Die einzigen Aktionen, die ee_{W_i} generiert, sind $\tau_{BonE}(ee_{W_i}, z) = ea_{WF}$, falls es nur Hindernisdaten sendet oder sich entfernen muss (Workerfunktion, Zeilen 1-2 und 10) und $\tau_{BonE}(ee_{W_i}, z) = ea_{WA}$, falls es für den Aufbau der Förderstrecke ein weiteres Workerelement für einen Teilpfad anfordern soll (Workerfunktion, Zeilen 3-9). Darüber hinaus führt es jedoch keine weiteren Operationen durch. Damit unterliegt die Planung der Förderstrecke und der etwaige erfolgreiche Aufbau allein dem Masterelement ee_M. $\qquad\square$

6.2. Directed Random (dRandom)

Das Verfahren dRandom kann primär zu den Progressiven Algorithmen gezählt werden, wobei es Komponenten einer Gerichteten Erkundung enthält. Basis für den progressiven Aufbau liefert hierbei Probabilistic Left or Right (Kapitel 4.3.2) als Entscheidungsfunktion beim Auftreten unbekannter Objekte. Nachfolgend wird die Funktionsweise des Verfahrens vorgestellt. Danach wird im Detail auf den eigentlichen Algorithmus bzw. die Entscheidungsfunktion $\tau_{dRandom}$ eingegangen und diese hinsichtlich Ihrer Allgemeingültigkeit ohne Beschränkung untersucht.

6.2.1. Funktionsweise

Die allgemeine Funktionsweise des Verfahrens ist in Abbildung 6.2 dargestellt. Zu Beginn des Verfahrens berechnet der Auftragsempfänger ee_0 den kürzesten Pfad P_S zwischen der Quelle S_0 und Senke D_0 und bewegt sich auf den ersten Pfadpunkt p_1. Im Anschluss fordert das jeweils letzte Element auf der bereits aufgebauten Förderstrecke ein neues Element auf der nächsten freien Position auf P an. Also fordert ee_0 ee_1 an, ee_1 fordert ee_2 usw. (siehe Abb. 6.2a).

Bevor ee_n das nächste Element ee_{n+1} anfordert, überprüft es, ob der nächste Pfadpunkt p_{n+1} auf P_S ein befahrbares Feld bf ist. Ist p_{n+1} nicht befahrbar, also ein durch ein Hindernis blockiertes Feld, beginnt die Ausweichstrategie: Zuerst werden sämtliche mögliche Pfade von ee_n zur Senke S_0 berechnet (siehe Abb. 6.2b). Im Anschluss wird zufällig mit einer festgelegten Verteilung (z.B. 40% links, 60% rechts) auf einem der zuvor berechneten Pfade die Förderstrecke weiter aufgebaut (siehe Abb. 6.2c).

Trifft nun ein Element erneut auf ein Hindernis (siehe Abb. 6.2c) auf dem neu geplanten Pfad P_S', beginnt der gleiche Vorgang von vorne. Wird kein alternativer Pfad, wie im Beispiel unter Abbildung 6.2c zu sehen ist, gefunden, so wird der Pfad bis zur letzten Verzweigung mit einem alternativen Pfad rückgebaut (siehe Abb. 6.2d). Hierbei ist wichtig, dass alle gesammelten Informationen (Hindernisse,..) von ee_n beim Rückbau an ee_{n-1} übergeben werden.

Ab der letzten Verzweigung (siehe Abb. 6.2e) wird dann der alternative Pfad P_S'' aufgebaut. Dieser Vorgang wird solange wiederholt, bis entweder die Förderstrecke komplett aufgebaut ist (siehe Abb. 6.2f) oder alle möglichen Pfade ausprobiert wurden.

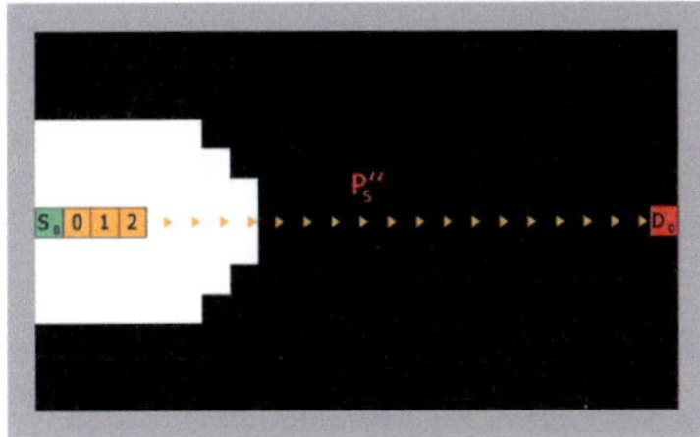

(a) Der Auftragsempfänger ee_0 plant zunächst den kürzesten Pfad P_S und beginnt mit dem Aufbau der Förderstrecke von S_0 nach D_0 auf P.

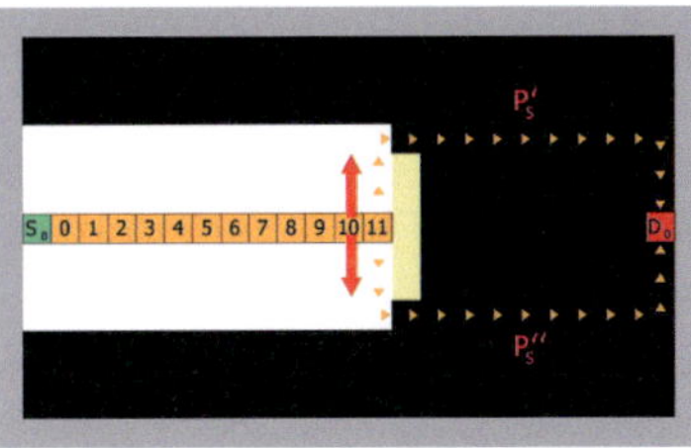

(b) Beim Auftreten unerwarteter Hindernisse werden alternative Pfade P'_S und P''_S berechnet. Die Auswahl des alternativen Pfads erfolgt über eine zuvor definierte Verteilung zufällig.

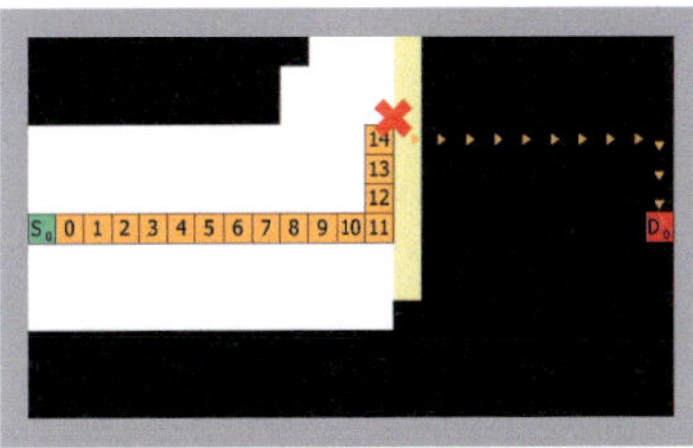

(c) Neue Förderstrecke wird auf P'_S aufgebaut. Wird wieder ein Hindernis auf P'_S erkannt, wird Schritt (b) wiederholt. Gibt es keinen alternativen Pfad...

(d) ... wird die Förderstrecke bis bis zur letzten Verzweigung ($ee_1 1$), mit mindestens einem alternativ Pfad, rückgebaut.

(e) Ab dieser Verzweigung wird der alternative Pfad P''_S aufgebaut.

(f) Schritte (b)-(e) werden solang wiederholt bis die Förderstrecke aufgebaut ist bzw. alle möglichen Pfade ausprobiert wurden.

Abbildung 6.2.: dRandom: Funktionsweise

6.2.2. **Entscheidungsfunktion** $\tau_{dRandom}$

Die Entscheidungsfunktion $\tau_{dRandom}$ stellt die Implementierung von dRandom dar und wird durch Algorithmus 11 repräsentiert.

Der Algorithmus startet, sobald ein Einzelelement ee_i einen Auftrag zum Aufbau einer Förderstrecke empfangen hat. Des Weiteren wird angenommen, dass sich der Auftragsempfänger ee_0 neben der vom Auftragssender gewählten Quelle befindet, und zwar - sofern möglich - an der Stelle, die sich am nähesten zur Senke befindet. Sollte dies nicht der Fall sein, so bewegt es sich zunächst an diese - oder nächst freie - Position neben der Quelle und beginnt dann mit der Abarbeitung des eigentlichen Algorithmus. Im Folgenden soll jeweils ein beliebiges Einzelelement betrachtet werden.

Als Eingabe erhält der Algorithmus die Parameter über das ausführende Einzelelement ee_i, eine Karte K der Umgebung, eine Nachrichtenliste NL mit eventuell von anderen Einzelelementen empfangenen Nachrichten, eine implizit geführte und anfangs leere Liste GF mit gesperrten Feldern sowie eine weitere, implizit geführte Liste HF mit erkannten Hindernissen. Die letztgenannte Liste wird dabei nach jedem Laserscan automatisch aktualisiert. Anschließend erfolgt die Abarbeitung der Anweisungen, die in die nachfolgend gelisteten Blöcke aufgeteilt ist:

In der Initialisierung (Zeile 1-2) wird auf der übergebenen Karte K ein Pfad von der aktuellen Position des Einzelelements zur Senke gesucht (Zeile 1). Dabei rührt die Tatsache, dass auf einer Karte *ohne* Hindernisinformationen geplant wird, daher, dass immer erst auf dem global direkten Pfad gebaut und nur wenn dieser blockiert ist, auf einen lokalen Pfad zurückgegriffen werden soll. Anschließend wird ein Laserscan durchgeführt und die Karte K mit den eventuell neu gewonnenen Informationen über Hindernisse und freie Felder aktualisiert (Zeile 2).

Bei der Nachrichtenverarbeitung (Zeile 3-6) werden empfangene Nachrichten abgearbeitet. Unterstützt werden die Nachrichtentypen *ErzeugeNeuenPfad* und *FolgeExistierendemPfad*, wobei eine Nachricht vom erstgenannten Typ genau dann eintrifft, wenn das Vorgänger-Einzelelement ee_{i-1} ein Hindernis auf dem ursprünglichen Pfad P_S erkannt hat und das jetzige Einzelelement ee_i somit einen neuen Pfad P_S ($\hat{=} P_S'$ aus 6.2.1) zur Senke planen muss (Zeile 4). Eine Nachricht vom letztgenannten Typ wird empfangen, wenn vom Vorgänger-Einzelelement ee_{i-1} kein Hindernis erkannt wurde und somit weiterhin entlang des ursprünglichen Pfades P_S aufgebaut werden soll (Zeile 6).

Die Pfadüberprüfung erfolgt von Zeile 7-13. Sofern kein gültiger Pfad P_S durch die Funktion *FindePfad* gefunden oder mittels Nachricht empfangen wurde, erfolgt entweder der Abbruch des Aufbaus der Förderstrecke (Zeile 9) oder ein Rückbau (Zeile 11).

Rückbau bedeutet dabei, dass das aktuelle Einzelelement ee_i entfernt und dessen Position *gesperrt*, also zu GF hinzugefügt wird, weil von dort aus kein gültiger Pfad P_S zur Senke möglich ist. Im Anschluss daran wird auf dem vorhergehenden Einzelelement ee_{i-1} der Algorithmus erneut gestartet.

Des Weiteren wird solange zurückgebaut, bis wieder ein Einzelelement ee_j $(j < i)$ gefunden wurde, welches in seiner direkten Nachbarschaft ein freies und nicht gesperrtes Feld besitzt, von dem aus ein Pfad zur Senke existiert. Hierbei ist es wichtig, die Hindernisse aus HF mit zu berücksichtigen und unbekannte Felder als befahrbar anzunehmen, da sonst mehrmals in die selbe Sackgasse gebaut wird. Sollte keines gefunden werden und der Rückbau bis zum Auftragsempfänger ee_0 fortgeschritten sein, muss das Verfahren abgebrochen werden, da keine Förderstrecke von der Quelle zur Senke auf K existieren kann.

Trifft jedoch keine der beiden Bedingungen zu und befindet sich das aktuelle Einzelelement ee_i neben der Senke (Zeile 13), so wurde eine Förderstrecke erfolgreich aufgebaut.

In Zeile 14-22) wird der nächste Pfadpunkt aus P_S extrahiert und mittels der Funktion *BewertePfadpunkt* (Zeile 14) dahingehend überprüft bzw. evaluiert, ob er durch ein Hindernis blockiert ist. Sollte dies der Fall sein, ermittelt die Funktion gleichzeitig eine Ausweichposition links oder rechts von der aktuellen Stelle entsprechend festgelegter Wahrscheinlichkeiten. Sollte keine Ausweichmöglichkeit bestehen, muss hier ebenfalls ein Rückbau erfolgen (Zeile 16). Andernfalls kann ein neues Einzelelement $ee_{neu} = ee_{i+1}$ auf dem passenden Feld platziert werden (Zeile 18).

Algorithmus 11: dRandmon

Eingabe : Aktuelles ee, Karte K und Nachrichtenliste NL
Implizit : Sperrliste GF und Liste mit Hindernissen HF
Ausgabe : Nächste Einzelaktion

1 $P_S \leftarrow$ FindePfad(AktualisiereKarte(K, GF), Position(ee), Position(SENKE))

2 K $\leftarrow$ AktualisiereKarte(K, BerechneLasersicht())

3 **if** NL('ErzeugeNeuenPfad') = TRUE **then**

4    $P_S \leftarrow$ FindePfad(AktualisiereKarte(K, GF), Position(ee), Position(SENKE))

5 **else if** Länge(NL('FolgeExistierendemPfad')) $\neq 0$ **then**

6    $P_S \leftarrow$ NL('FolgeExistierendemPfad')

7 **if** $P_S = NULL$ **then**

8   **if** Auftragsempfänger(ee) = TRUE **then**

9   **return** Fertig(FALSE)

10   **else**

11   **return** Rückbau(GF $\cup$ {Position(ee)})

12 **else if** Länge(P_S) $= 0$ **then**

13   **return** Fertig(TRUE)

14 EVAL $\leftarrow$ BewertePfadpunkt(K, Position(ee), Pop(P_S), GF)

15 **if** EVAL.Rückbau() = TRUE **then**

16   **return** Rückbau(GF $\cup$ {Position(ee)})

17 **else**

18   $ee_{neu} \leftarrow$ FordereNeuesEEAn(EVAL.NächstePosition())

19   **if** EVAL.HindernisErkanntOderGesperrt() = TRUE **then**

20   SendeNachricht(ee_{neu}, 'ErzeugeNeuenPfad', TRUE)

21   **else**

22   SendeNachricht(ee_{neu}, 'FolgeExistierendemPfad', P_S)

6.2.3. Rahmenbedingungen

Nachfolgend werden die Rahmenbedingungen zur Überprüfung der Allgemeingültigkeit für dRandom aufgestellt. Die Voraussetzungen und Zielsetzungen können aus Kapitel 6.1.3 übernommen werden.

Definitionen

- Sobald ein Einzelelement, im Rahmen eines Auftrags, eine Rolle zugewiesen bekommen hat gilt folgende Notation:
  Auftragsempfänger $\Rightarrow ee_0$
  Weitere Elemente $\Rightarrow ee_i$ mit $i > 0$

- Die Funktion $FindePfad$ bewertet unbekannte Felder als befahrbare Felder.

- $FF \subseteq BF$ ist eine Menge von freien Feldern

- $GF \subseteq BF$ ist eine Menge von gesperrten Feldern (Sperrliste)

- P_Q ist ein beliebiger, evtl. hindernisblockierter Pfad zwischen ee_0 und q

- eine Förderstrecke $P_F = \{p_0, \ldots, p_{i-1}\} \subseteq BF$ zwischen q und ee_i und ein beliebiger, evtl. hindernisblockierter Pfad $P_S = \{p_{i+1}, \ldots, p_n\} \subseteq BF$ zwischen ee_i und s, wobei gilt:
  - falls $i = 0 : P_F = \emptyset$
  - falls $i > 0 : ee_{i-1}$ und ee_i sind direkte Nachbarn

  Das bedeutet, dass ee_i zwischen den Pfaden P_F und P_S platziert ist und sich alle anderen, zu diesem Auftrag gehörenden Einzelelemente ee_j $(j < i)$ auf der unmittelbar an ee_i anknüpfenden Förderstrecke P_F *vor* ee_i befinden.

- eine Menge von Einzelaktionen $E\mathcal{A} = \{ea_F, ea_R, ea_B\}$, wobei gilt:
  - ea_F: ein Einzelelement ist mit der Abarbeitung seiner Aufgaben fertig und wird zu P_F hinzugefügt
  - ea_R: ein Einzelelement ist mit der Abarbeitung seiner Aufgaben fertig , einen Rückbau der Förderstrecke wird anfordert und aus P_F entfernt
  - ea_B: ein Einzelelement sich bewegt und ist anschließend mit der Abarbeitung seiner Aufgaben fertig

6.2.4. Überprüfung der Allgemeingültigkeit

Nachfolgend wird die Allgemeingültigkeit von dRandmon bzw. der dazugehörigen Entscheidungsfunktion $\tau_{dRandom}$ unter den gegebenen Rahmenbedingungen aus Kapitel 6.2.3 und der in Kapitel 3 gezeigten Problemstellung überprüft.

Da immer nur ein Einzelelement ee_i zu einem Zeitpunkt aktiv mit der Abarbeitung des Algorithmus beschäftigt ist, genügt es, die Betrachtungen auf dieses zu beschränken. Daraus folgt, dass für alle $ee' \neq ee_i$ im Zustand z gilt: $\tau_{dRandom}(z, ee') = ea_{Idle}$. Somit hat jede Aktion die Form $a_k = (ea_{Idle}, \ldots, ea_{Idle}, \tau_{dRandom}(z, ee_i), ea_{Idle}, \ldots, ea_{Idle})$ ($k \in \{1, \ldots, n\}$).

Der Algorithmus bestimmt im Block *Initialisierung* mittels Laserscan die Menge der dynamischen Hindernisse $DH_z \subseteq DH$ und die Menge der begehbaren Felder $BF_z \subseteq BF$, die im Zustand z berücksichtigt werden müssen. Letztere werden dabei zu FF hinzugefügt: $FF = FF \cup BF_z$ (Zeilen 1-2).

Es muss zunächst der Fall betrachtet werden, dass der Auftragsempfänger nicht neben q auf der ersten Position des kürzesten Pfades von q nach s steht. Dann gilt $ee_i = ee_0$ und ee_0 berechnet einen Pfad P_Q von seiner Position zu dieser Stelle. Daraufhin muss untersucht werden:

(a) Falls P_Q nicht existiert $\Rightarrow ee_0$ hat keine Möglichkeit zur Quelle zu gelangen $\Rightarrow \tau_{dRandom}(z, ee_0) = ea_F$, der Algorithmus terminiert und es wurde keine Förderstrecke zwischen q und s aufgebaut. $\square$

(b) Falls P_Q existiert und $|P_Q| > 0$ gilt $\Rightarrow ee_0$ generiert fortlaufend die Einzelaktion $\tau_{dRandom}(z, ee_0) = ea_B$ und bewegt sich entlang P_Q, bis q erreicht wurde und ee_0 auf der ersten Position des kürzestens Pfades von q nach s steht.
Nach jeder Bewegung wird der Pfad P_Q anhand der aktuellen Hindernisinformationen DH_z neu berechnet. Da $|BF| < \infty$ gilt, wird die Ziel-Position entweder nach endlich vielen Zustandsübergängen erreicht oder es tritt Fall (a) ein.

Der Auftragsempfänger befindet sich nun neben q und kann somit mit der Abarbeitung des Kern-Algorithmus beginnen.

Falls der Pfad P_S im aktuellen Zustand z nicht existiert (also weder durch Berechnung in Zeile 1 noch durch Nachrichtenübermittlung und anschließender Neuberechnung in Zeile 4), muss Folgendes überprüft werden:

- falls $ee_i = ee_0 \Rightarrow$ es existiert keine Förderstrecke von q nach s und der Algorithmus endet somit für den Auftragsempfänger: $\tau_{dRandom}(z, ee_i) = ea_F$ (Zeile 9). $\qquad\square$

- falls $ee_i \neq ee_0 \Rightarrow p_i$ wird zu GF hinzugefügt, es erfolgt das Ende des Algorithmus für ee_i und ein Rückbau der Förderstrecke $P_F \cup \{p_i\} \Rightarrow \tau_{dRandom}(z, ee_i) = ea_R$ (Zeile 11).

Falls der Pfad P_S existiert und $|P_S| = 0$ gilt, dann befindet sich p_i neben s, $P_F \cup \{p_i\}$ ist eine Förderstrecke von q nach s und der Algorithmus endet für $ee_i \Rightarrow \tau_{dRandom}(z, ee_i) = ea_F$. Das gesamte Verfahren terminiert schließlich mit einer erfolgreich aufgebauten Förderstrecke (Zeile 13). $\qquad\square$

Falls $|P_S| > 0$ gilt, dann ist p_{i+1} die erste Position des Pfades P_S bzw. die Nachfolger-Position von ee_i. Es müssen folgende Fälle unterschieden werden:

- falls $\exists dh \in DH_z : \theta(dh, z) = p_{i+1} \vee p_{i+1} \in GF \Rightarrow$ die nachfolgende Position p_{i+1} wird durch ein dynamisches Hindernis blockiert oder befindet sich in der Menge der gesperrten Felder (Block *Bewertung* bzw. Zeile 14). Zu unterscheiden sind dann weitere Fälle:

  - falls $\exists bf \in BF_z$ mit $bf \neq p_i$ und $\forall dh' \in DH_z, dh' \neq dh : \theta(dh, z) \neq bf$ und $\forall ee' \in EE, ee' \neq ee_i : \theta(ee', z) \neq bf$ und $bf \in DNF_{p_i}$, d.h. es gibt mindestens ein weiteres freies Feld in der direkten Nachbarschaft von ee_i, dann wird ee_{i+1} auf bf angefordert und von diesem ein neuer Pfad P_S, der hindernisblockiert sein kann, zwischen bf und s erzeugt. Der Algorithmus endet damit für $ee_i \Rightarrow \tau_{dRandom}(z, ee_i) = ea_F$ (Zeile 19).

  - andernfalls wird p_i zu GF hinzugefügt, der Algorithmus endet für ee_i und es erfolgt ein Rückbau der Förderstrecke $P_F \cup \{p_i\} \Rightarrow \tau_{dRandom}(z, ee_i) = ea_R$ (Zeile 16).

- falls $\forall dh \in DH_z : \theta(dh, z) \neq p_{i+1} \wedge p_{i+1} \notin GF \Rightarrow$ die nachfolgende Position p_{i+1} ist frei und wird mit einem neuen Einzelelement ee_{i+1} besetzt $\Rightarrow$ Ende des Algorithmus für $ee_i \Rightarrow \tau_{dRandom}(z, ee_i) = ea_F$ (Zeile 21).

Für das aktive Einzelelement ee_i ergeben sich im Zustand z somit ausschließlich die Möglichkeiten, ein neues Einzelelement anzufordern (Einzelaktion ea_F) oder die bestehende Förderstrecke abzubauen (Einzelaktion ea_R). Bei letzterem wird die aktuelle Position p_i des Einzelelements in die Menge der gesperrten Felder eingefügt und ist dadurch nicht mehr befahrbar. Anschließend ist ee_i mit seiner Abarbeitung fertig, d.h. es können keine unendlichen Einzelaktionszyklen entstehen.

Aus dieser Erkenntnis folgt unmittelbar: solange kein gültiger Pfad P_S zur Senke gefunden wurde bzw. dieser an der Position p_{i+1} hindernisblockiert ist und keine Ausweichmöglichkeit besteht, nimmt die Kardinalität von GF zu, wobei $|GF|$ gegen $|FF|$ tendiert. Da $|FF| \leq |BF| < \infty$ gilt, bedeutet dies, dass es nach endlich vielen Zustandsübergängen einen Endzustand $z_E \in \mathcal{Z}$ gibt, in dem entweder

$$|GF| < |FF|$$

gilt und eine Förderstrecke P_F von q nach s aufgebaut wurde oder sich

$$|GF| = |FF|$$

ergibt, woraus folgt, dass keine gültige Förderstrecke von q nach s existieren kann. $\qquad\square$

7. Versuchsplanung und -aufbau

In Kapitel 6 konnte gezeigt werden, dass die vorgestellten Algorithmen stets terminieren, solange eine Lösung für das Problem besteht (siehe Kap. 6.1.4 und Kap. 6.2.4). Jedoch kann damit noch keine Aussage hinsichtlich der Leistungsfähigkeit (Anzahl verwendete Elemente, Länge der Förderstrecke, usw.) der Verfahren getroffen werden. Hierzu wurden eine Simulationssystem (Kap. 7.1) sowie das dazugehörige Simulationsmodell (Kap. 7.2) aufgebaut. Die durchgeführten Versuche sowie das entsprechende Bewertungsverfahren werden im Anschluss vorgestellt.

7.1. KARIS Simulator (KSim)

Zur Untersuchung unterschiedlicher Verhaltensweisen und deren Bewertung wurde die Simulationssoftware KSIM entwickelt. Im Folgenden werden deren Leistungsfähigkeit und Funktionsumfang beschrieben.

7.1.1. Einschränkungen und Vereinfachungen

Folgende Vereinfachungen und Einschränkungen wurden im KARIS Simulator getroffen:

- Der Simulator arbeitet auf einem diskreten, zweidimensionalen Grid (Karte) in diskreten Zeitschritten (Iterationsschritte).

- Hindernisse befinden sich an Positionen, die zum Simulations-Zeitpunkt $t = 0$ fixiert werden und sich danach nicht mehr verändern können. Darüber hinaus können Hindernisse auch nicht verschwinden. Allerdings kennen die Einzelelemente die Positionen der Hindernisse zu Beginn einer Simulation nicht, können sie aber durch Benutzung des Laserscanners entdecken.

- Einzelelemente können sich pro Iterationsschritt höchstens ein Feld weit nach links, rechts, oben oder unten bewegen. Diagonale Bewegungen oder Bewegungen in sonstige Richtungen sind nicht möglich.

- Einzelelemente können an beliebigen Positionen erscheinen und auch wieder verschwinden, ohne dass sie beispielsweise aus der Karte bewegt werden müssen.

7.1.2. Aufbau des KARIS Simulators

In Abbildung 7.1 ist der allgemeine Aufbau von KSim dargestellt.

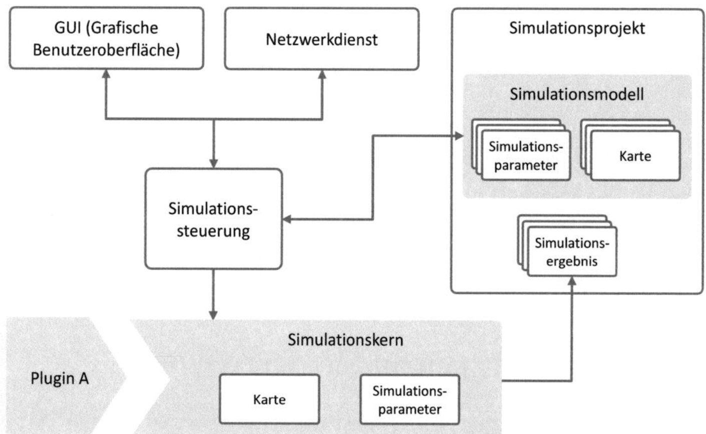

Abbildung 7.1.: Aufbau von KSim

Die grafische Benutzeroberfläche (GUI, siehe Kapitel 7.2) dient zur Interaktion mit dem Anwender. Zu diesem Zweck ermöglicht es die GUI Daten für eine Simulation in Form eines Projekts zu erzeugen, zu verwalten und darauf aufbauend eine Simulation durchzuführen. Für die Durchführung von Simulationen auf entfernten Rechnern steht ein Netzwerkdienst zur Verfügung, der die verteilte Abarbeitung (mehrere Rechner) von Projekten ermöglicht.

Zu Beginn der Simulation wird der Simulationssteuerung das Simulationsmodell übergeben, in dem die Simulationsparameter definiert sind. Für jede Kombination aus Karte, Plugin und Simulationsparameter startet die Simulationssteuerung eine Simulation und speichert das Ergebnis im Simulationsprojekt in den Simulationsergebnissen. Das Simulationprojekt enthält alle Daten und Einstellungen, die zur Durchführung und anschließenden Auswertung von Simulationen notwendig sind (Karten, Simulationsergebnisse, verwendete Plugin, verwendet Referenz und weitere Einstellungen).

Der Simulationskern (siehe Kapitel 7.1.3) ist für die Durchführung der Simulation zuständig, dazu werden eine Karte und eine Liste von Simulationsparametern übergeben. Der Simulationskern lädt das gewünschte Plugin und startet die Simulation. Am Ende einer Simulation speichert der Simulationskern das Ergebnis im aktuellen Simulationsprojekt ab. Der Simulationskern arbeitet auf einem diskreten Zeit- und Kartenmodell. Dies erlaubt eine schnelle und unkomplizierte Implementierung von Algorithmen. Im Gegensatz zu diskreten Modellen sind kontinuierliche Modelle mit einem erheblichen Mehraufwand verbunden - es müssten müssten Karten mit Gleichungen bzw. Ungleichungen und Bewegungsaktionen mit Differenzialgleichungen (vergleiche (LaValle 2006)) beschrieben werden.

Das Plugin Interface (siehe 7.1.4) stellt die Schnittstelle zwischen dem Simulationskern und den Algorithmen dar. Es modelliert z.B. die Sensorik der Einzelelemente sowie die Motoren oder die Kommunikation. Jeder in einem Plugin implementierte Algorithmus darf die zur Problemlösung benötigten Informationen nur über diese Schnittstelle erheben. Die Plugins sind die Verhaltenbeschreibungen die es zu untersuchen gilt.

7.1.3. Simulationskern

Im Simulationskern wird jede Simulation in endlich viele Zeitschritte aufgeteilt und jedes Einzelelement kann einmal pro Zeitschritt mit seiner Umgebung interagieren. Die möglichen Interaktionen werden im Plugin Interface definiert. Ein Einzelelement kann z.B. jeden Zeitschritt die Umgebung mit einem Laserscanner scannen, sich auf ein benachbartes

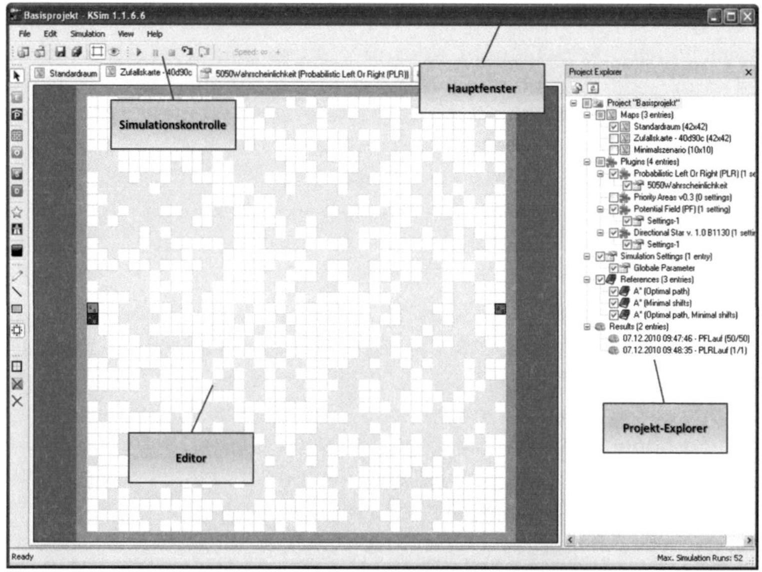

Abbildung 7.2.: Hauptfenster der GUI

Kartenfeld bewegen oder Nachrichten an andere Einzelelemente versenden. Die Simulation endet sobald alle Einzelelemente signalisieren, dass sie ihre gewünschte Position erreicht haben und kein Einzelelement eine weitere Aktion ausführen will. Einzelelemente, die noch weitere Aktionen ausführen wollen, werden im Folgenden als aktive Einzelelemente bezeichnet und Einzelelemente, die ihre gewünschte Position erreicht haben, als inaktive Einzelelemente gekennzeichnet.

Die Simulation läuft im einzelnen wie folgt ab: Zu Beginn jedes Zeitschritts wird eine Liste aller aktiven Einzelelemente erstellt. Dann wird der im Plugin implementierte Algorithmus für jedes Einzelelement einmal ausgeführt. Der Algorithmus kann beliebige Berechnungen ausführen. Informationen über die Karte und die Position von Hindernissen sowie anderen Einzelelementen dürfen aber ausschließlich über das Plugin Interface erhoben und ausgetauscht werden. Nach der vollständigen Abarbeitung der Liste werden alle weitergeleiteten Nachrichten den Empfängern zugestellt. Sollte ein inaktives Einzelelement eine Nachricht empfangen, ändert sich dessen Status zu Aktiv. So kann es im nächsten Zeitschritt auf die Nachricht reagieren. Es werden solange Zeitschritte nacheinander simuliert, bis alle Einzelelemente dem Simulator signalisieren, dass sie ihre gewünschte Position erreicht haben und folglich alle Einzelelemente den Status inaktiv haben. Tritt dies ein, endet die Simulation und der Simulationskern erstellt das Simulationsergebnis.

7.1.4. Plugin Interface

Im Folgenden wird die Schnittstelle (Plugin Interface) mit allen Methoden vorgestellt:

Bewegung KSim stellt eine Karte in einem diskreten Grid-Graphen dar. Auf diesem Grid-Graphen kann sich ein Einzelelement pro Zeitschritt maximal ein Feld bewegen. Es sind nur Vorwärts-, Rückwärts- oder Seitwärtsbewegungen erlaubt. Diagonale Bewegungen und Bewegungsaktionen auf blockierte Felder sind nicht gestattet.

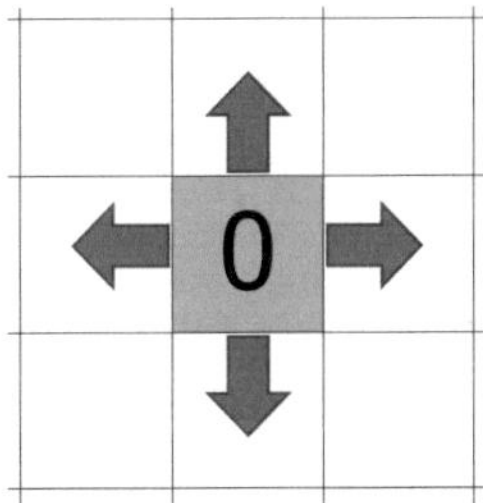

Abbildung 7.3.: Bewegungsraum eines Elements im Simulator

Lasersicht Ein Einzelelement kann zu jedem Zeitpunkt die unmittelbare Umgebung mit den Laserscannern scannen. Dabei wird der Laserscanner von zwei Simulationsparametern beeinflusst. Die Lasersichtweite gibt den maximalen Sichtradius des Kreises an. Innerhalb dieses Kreises werden alle Felder als belegt, frei oder unbekannt deklariert. Um ein Feld als freies Feld zu identifizieren muss dieses vollständig einsehbar sein und darf nicht teilweise von einem Hindernis verdeckt werden. Alle

(a) Vollständige Karte

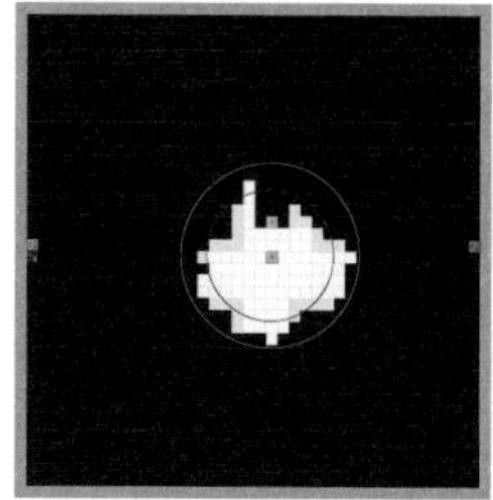

(b) Lasersicht eines Einzelelements

Abbildung 7.4.: Lasersicht mit identifizierbaren Objekten

nicht vollständig einsehbaren, freien Felder und alle vollständig verdeckten Hindernisse werden als unbekannt deklariert. Innerhalb der Laseridentifikationsweite kann der Laserscanner zusätzlich noch erkennen, ob es sich bei einem gefundenes Hindernis um eine Quelle, eine Senke, ein Einzelelement oder ein dynamisches Hindernis handelt. Abb. 7.4 zeigt eine Lasersicht für eine Lasersichtweite von sieben Feldern und eine Laseridentifikationsweite von fünf Feldern.

Kommunikation Jedes Einzelelement kann Nachrichten mittels Broadcast oder per Punkt-zu-Punkt an andere Einzelelemente versenden. Die Kommunikationsreichweite gibt die maximale Distanz zwischen zwei Einzelelementen an, in der ein Austausch der Nachrichten zwischen beiden Einzelelementen stattfinden kann. Die Bandbreite beschreibt die maximale Anzahl an Bytes, die ein Element in einem Zeitschritt senden darf. Sollte die Nachrichtengröße die verbleibende Sendekapazität überschreiten, wird die Sendeoperation im nächsten Zeitschritt fortgesetzt. Eine Nachricht wird erst nach erfolgreich abgeschlossener Sendeoperation zugestellt.

GewünschtePositionErreicht Hiermit können Einzelelemente dem Simulator signalisieren, dass sie ihre gewünschte Position erreicht haben und keine weiteren Aktionen ausführen wollen. Der Simulator ändert den Status dieser Einzelelement auf inaktiv und wird im nächsten Zeitschritt den Algorithmus für dieses Einzelelement nicht mehr aufrufen.

Element anfordern/entfernen Mit dieser Aktion kann ein Einzelelement ein neues Einzelelement an einer beliebigen freien Position anfordern oder sich selber von der Karte entfernen. So kann z.B. das Anfordern von zusätzlichen Einzelelementen simuliert werden.

7.2. Simulationsmodell

Zur Beschreibung des Simulationsmodell werden zunächst die Zusammenhänge zwischen den Modellparametern erklärt. Nach der Vorstellung des Simulationsmodells werden in den Abschnitten 7.2.1, 7.2.2 und 7.2.3 die Einflussgrößen des Systems und zum Abschluss die Bewertungsbereiche mit den dazugehörigen Zielgrößen betrachtet.

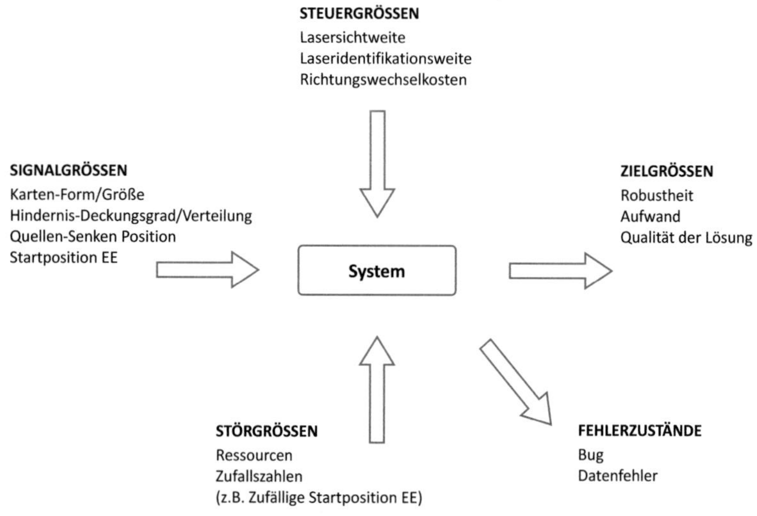

Abbildung 7.5.: Modell des KARIS-Systems

Die Parameter der Einflussgrößen (Steuer-, Signal- und Störgrößen) wirken auf KARIS ein und beeinflussen die Ergebnisse der Zielgrößen. Zielgrößen sind die gewünschten Ergebnisse des Systems, während Fehlerzustände Ergebnisse bei Systemversagen beschreiben.

In Abbildung 7.5 werden die Zusammenhänge der Simulationsparameter für KARIS, nach Siebertz, van Bebber und Hochkirchen (2010), verdeutlicht und die wichtigsten Parameter des Systems gezeigt.

7.2.1. Steuergrößen

Steuergrößen sind Parameter, die innerhalb des Systems liegen. Sie können eingestellt werden, um die gewünschte Funktionsgüte des Systems zu erreichen.

Lasersichtweite (LaserRange) Die Lasersichtweite (LR) gibt den Radius des Lasers, also die „Sichtweite" der Elemente an. Sie kann im Bereich von 1 bis ∞ Feldern getestet werden. Den Lösungsverfahren wird also ein Mindestmaß an Lasersichtweite garantiert. Eine sinnvolle Obergrenze der Lasersichtweite ist die maximal mögliche Sichtweite in einem Raum. Sie ist die Diagonale von einer Ecke zur gegenüberliegenden des Raumes.

Laseridentifikationsweite (LaserIdentifyRange) Die Laseridentifikationsweite (LIR) ist die maximale Entfernung, auf die sich KARIS-Elemente mit den Lasersensoren gegenseitig identifizieren können. Es muss berücksichtigt werden, dass die Laseridentifikationsweite immer kleiner oder gleich der Lasersichtweite ist. Außerhalb der Laseridentifikationsweite werden Einzelelemente als Hindernis erkannt.

Richtungswechselkosten (CornerCosts) Die Richtungswechselkosten (CC) geben die Höhe der Strafkosten für einen Richtungswechsel im Stetigcluster an. Dadurch sollen überflüssige Richtungswechsel vermieden und gleichzeitig möglichst gerade Strecken gefördert werden. Eine Normierung der abstrakten Kosten auf das Intervall von null bis zehn Kosteneinheiten macht die Ergebnisse verschiedener Algorithmen vergleichbar.[1]

Kommunikationsreichweite Die KARIS Elemente besitzen eine Kommunikationseinheit, um Informationen miteinander auszutauschen. Die Kommunikationsreichweite ist die maximale Reichweite, in der die EE miteinander kommunizieren können. Sie kann im Bereich von null bis ∞

---

[1]Keine Strafe bei null Kosteneinheiten, höchste Strafe bei zehn Kosteneinheiten.

Feldern getestet werden. Als Obergrenze kann, wie bei der Lasersichtweite, die 100-prozentige Abdeckung des Raumes angenommen werden.

Bandbreite Die Bandbreite begrenzt den Datenverkehr bezüglich der ausgetauschten Datenmenge (in Bytes) während einer Iteration.

7.2.2. Signalgrößen

Signalgrößen legen den Arbeitsbereich des Systems fest. Ihre Eigenschaften liegen außerhalb der Systemgrenzen, haben aber Einfluss auf die Funktionsfähigkeit des Systems. Die Signalgrößen können nicht oder nur unter unverhältnismäßigem Aufwand verändert werden. Deshalb muss mit einer Anpassung der Steuergrößen auf sie reagiert werden, um die Funktionsgüte des Systems zu erhöhen.

Größe des Simulationsraumes Die Größe des Simulationsraumes hat direkten Einfluss auf die Simulationsdauer. Die Angabe der Raumgröße bezieht sich immer auf die Innenmaße eines Raumes. Als Standardkarte für Simulationen wurden Innenraummaße von 40x40 Feldern gewählt.

Form des Simulationsraumes Der Simulationsraum kann theoretisch jede beliebige, darstellbare Form annehmen. Der Grundriss des Raumes ist jedem EE bekannt. Jedes Pfadplanungproblem in einer beliebigen Raumform kann auf Teilprobleme in rechteckigen Räumen aufgeteilt werden.

Quellen-Senken Positionierung Vor dem Simulationslauf wird die Position von Quelle und Senke festgelegt. Zwischen diesen wird der Stetigcluster aufgebaut. Die Positionierung hat einen direkten Einfluss auf Simulationszeit und Pfadlänge. Um eine Vergleichbarkeit für die Simulationskarten herzustellen, werden einheitliche Quellen-Senken-Positionen gewählt. Die Quelle befindet sich immer zentriert am linken Rand des Simulationsraums. Die Senke wird an der rechten Wand des Raumes zentriert platziert.

Startposition der Einzelelemente Zu Beginn der Simulation befindet sich kein Einzelelement auf der Karte. Durch eine Elementequelle kann die Startposition der EE festgelegt werden. Von dieser Position aus beginnen die EE ihre Aufgabe zu lösen. Für den Versuchsaufbau wird eine feste Elementequelle direkt neben der Quelle definiert. Dabei sind die Felder über- oder unterhalb der Quelle zu wählen.

Hindernisdeckungsgrad Hindernisse muss der Algorithmus während des Stetigclusteraufbaus erst identifizieren. Das Entdecken von Hindernissen auf dem Pfad zwingt ihn zur Neuberechnung des Pfades und hat damit starken Einfluss auf die Planungsgeschwindigkeit.

Hindernisanordnung Die Hindernisanordnung beschreibt die Strukturierung eines Raumes. Eine starke Strukturierung, z. B. die linienförmige Aneinanderreihung von Gegenständen, kann eine schnelle Planungsgeschwindigkeit bewirken. Dagegen erzeugt eine schwache Struktur der Hindernisse oftmals Sackgassen, die zu Planungsfehlern im Stetigclusteraufbau führen. Im Zusammenspiel mit dem Deckungsgrad beeinflusst die Hindernisanordnung die Planungszeit in hohem Maße.

7.2.3. Störgrößen

Störgrößen liegen außerhalb des eigentlichen Systems. Ihre Werte können in Experimenten nicht beeinflusst werden. Man versucht ihren Einfluss auf die Zielgrößen durch geeignete Einstellungen der Steuergrößen gering zu halten.

Startposition der Einzelelemente Wenn keine Elementequelle in der Karte vorhanden ist, wird die Startposition für das erste EE zufällig vergeben. Das EE muss unterschiedliche Distanzen zur Quelle zurücklegen, um die Pfadplanung zu beginnen. In einer Iteration kann sich ein EE nur um ein Feld fortbewegen und die Iterationszahl wächst mit der Distanz zur Quelle.

Bei der Standardkarte ohne Hindernisse mit den Maßen 40x40 Felder bedeutet dies ein um durchschnittlich 29,5 Iterationen erhöhtes Ergebnis[2]. Um jedoch ein verlässliches Ergebnis für eine Faktoreneinstellung mit akzeptabler Varianz zu erhalten, müsste jeder Versuch mehrfach wiederholt werden. Aus diesem Grund wird mit der Elementequelle eine feste Startposition gewählt.

Ressourcen Die Ressourcen des Rechners, auf dem die Simulation ausgeführt wird, haben starken Einfluss auf die Laufzeit. Bestimmende Eigenschaften können zum Beispiel die Prozessoren, der Speicher oder der Datenbus sein.
Aber auch das Zeitscheibenprinzip des Betriebssystems lässt bspw. keine vergleichbaren Ergebnisse hinsichtlich der Laufzeit der Verfahren zu.

Zufallszahlen in Lösungsverfahren Einige Verfahren verwenden zufallbasierte Entscheidungen z.B. bei der Wegfindung, was wiederum zu nicht-deterministischen Ergebnissen führen kann. Solch ein Verfahren kann also in zwei Durchläufen zwei unterschiedliche Ergebnisse liefern.

7.2.4. Zielgrößen

Der Algorithmus wird hier in drei unterschiedlichen Bereichen bewertet werden. In den Bereichen Robustheit, Aufwand und Qualität werden die Ergebnisse spezifischer Kennwerte analysiert, um eine Aussage über die Leistung des Algorithmus zu treffen. Abbildung 7.6 zeigt diese Bereiche und verdeutlicht ihre Abhängigkeit voneinander. Eine Verbesserung eines Bereiches kann die Ergebnisse der anderen Bereiche beeinflussen.

---

[2]Durchschnittlicher Wegzeit eines EE von der aktuellen Position zu Quelle.

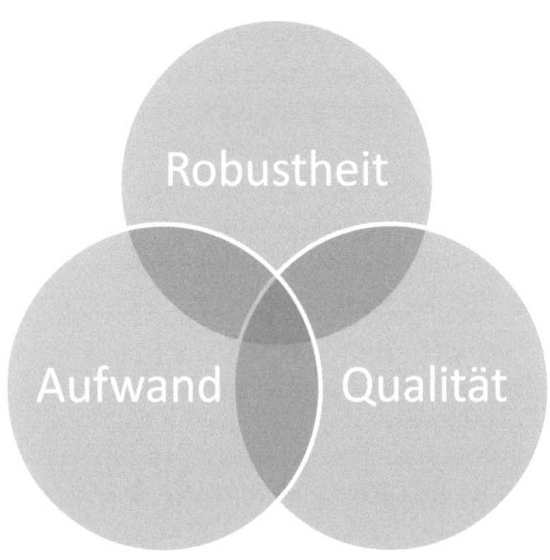

Abbildung 7.6.: Betrachtungsbereiche der Zielgrößen

Robustheit

Robustheit wird von Liggesmeyer (2009) folgendermaßen definiert:

> "Unter Robustheit wird die Eigenschaft einer Betrachtungs-
> einheit verstanden, auch in ungewöhnlichen Situationen de-
> finiert zu arbeiten und sinnvolle Reaktionen durchzuführen.
> [...] Ein robustes System ist die Folge der korrekten Um-
> setzung einer Spezifikation, die auch für ungewöhnliche Be-
> triebssituationen ein bestimmtes Verhalten fordert."

Eine ungewöhnliche Situation kann eine Schwankung der Einflussgrößen, insbesondere der Signal- und Störgrößen sein.

Für das KARIS-Modell wird die Robustheit wie folgt definiert. Sie beschreibt die Fähigkeit des Algorithmus, eine Lösung innerhalb eines vorgegebenen, akzeptierbaren Zeitraums zu finden. Dieser Zeitraum wird als Anzahl der Iterationen im Verhältnis zur Raumgröße angegeben. Die absolute Anzahl der Iterationen wird über einen Multiplikationsfaktor für die Raumgröße berechnet.

ValidPathFound: Wichtigster Kennwert der Robustheit ist *ValidPathFound*. Er gibt den empirisch ermittelten Wahrscheinlichkeitswert für das Finden einer Lösung unter den gegebenen Einflussgrößen an.

Aufwand

Im betriebswirtschaftlichen Sinne entspricht laut Wöhe und Döring (2005, S.54 u. S.814f) der Aufwand ...

> ... "dem Wert aller verbrauchten Leistungen einer Periode, welcher zu einer Minderung des Reinvermögens führt. [...] Im Rechnungswesen zählen zum Beispiel Personal-, Material- und Energieaufwand, aber auch Abschreibungen und Rückstellungen dazu."

Der Aufwand im Sinne der Informatik lässt sich durch die Komplexität eines Algorithmus definieren. Levi und Rembold (2003, Definition 2.2.8) schreiben:

> "Die Komplexität eines Algorithmus oder einer berechenbaren Funktion wird definiert durch den Aufwand an Betriebsmitteln, der für die Durchführung notwendig ist. Wesentliche Betriebsmittel sind Laufzeit oder Anzahl an Rechenschritten n, Speicherplatzbedarf und Geräte."

Die theoretische Informatik spricht von der Laufzeitkomplexität $T(n)$ mit der Ordnung $O(n)$, welche den asymptotischen Verlauf für $n \to \infty$ der Funktion klassifiziert (Levi und Rembold 2003, S91f).

Die Beschreibung des Aufwandes kann weiter in die Kategorien Einzelelemente-, Zeit- und Kommunikationsaufwand aufgeteilt werden. Zeit und Kommunikation können als Aufwand im Sinne der Informatik aufgefasst werden, während der Einzelelementeeinsatz einen betriebswirtschaftlichen Fokus auf den Algorithmus hat.

Größe	Beschreibung	Einheit	Referenz
ValidPathFound	Boolsche Variable. True wenn ein gültiger Pfad gefunden wurde, False sonst.	%	100%

Tabelle 7.1.: Zielgrößen der Robustheit

Der durch den Elementebedarf erfasste Aufwand im betriebswirtschaftlichen Sinne ist ein wichtiger Faktor für die spätere Dimensionierung des KARIS-Systems und damit von großem Interesse. Auf eine Betrachtung der Laufzeit und des Speicherplatzbedarfs wird im Bewertungsverfahren verzichtet. Es kann davon ausgegangen werden, dass dem KARIS-System ausreichend Rechner- und Speicherkapazitäten zur Verfügung stehen. Zudem sind die Berechnungszeiten deutlich kleiner als die Ausführungszeiten des KARIS-Systems.[3]

Die wichtigsten Kenngrößen für die Bewertung des Aufwands sind:

Größe	Beschreibung	Einheit	Referenz
Δ**Elements** %	Prozentuale Abweichung der verwendeten Elemente der Lösung zur global optimalen Referenz 1.	%	Ref1
Iterations	Anzahl der durchlaufenen Iterationen (Berechnungsschritte) zur Lösung des Problems.	#	1
Planning failures	Anzahl der Planungsfehler während der Lösung des Problems. Das Abbauen einer bereits erstellten Teilstrecke des Stetigclusters wird als ein Planungsfehler gewertet.	#	0

Tabelle 7.2.: Zielgrößen des Aufwands

Δ**Elements %** gibt die prozentuale Abweichung des Elementebedarfs der Lösung zum Elementebedarf der Referenz 1 (Minimal Path, siehe Abschnitt 7.3.4) an. Als Maßstab dafür dient die Zielgröße *AddedElements* des Algorithmus, welche mit der Referenzpfadlänge *Path* einer Karte k ins Verhältnis gesetzt wird.[4] Es wird gezeigt, wie effizient der Algorithmus mit Elementen umgeht.

$$\Delta \text{ Elements}_{ik}\% = \frac{\text{Added Elements}_{ik} - \text{Path}_{Ref1,k}}{\text{Path}_{Ref1,k}}$$

---

[3] Die Pfadberechnungszeit des Algorithmus liegt bei einigen Millisekunden, während die Ausführungszeit, d. h. die tatsächlichen Fahrzeiten der EE zum Bestimmungsort, einige Sekunden bis Minuten benötigt.

[4] *Path* entspricht in den Referenzergebnissen *Added elements*, da sie keine Planungsfehler haben. Für Referenzen wird *Added Elements* in den Ergebnissen nicht angegeben, weshalb *Path* verwendet wird.

Planning failures beschreibt die absolute Zahl der Pfadänderungen, die ein Algorithmus während eines Durchgangs benötigt hat. Das Abbauen einer bereits erstellten Teilstrecke des Stetigclusters wird als ein Planungsfehler gewertet.

Iterations Allgemein wird die Iteration als "Vorgang, bei dem entweder eine Funktion wiederholt angewendet wird oder eine Anweisung bzw. Anweisungsfolge wiederholt durchlaufen wird", bezeichnet (Levi und Rembold 2003, S.198). In unserem Fall gibt *Iterations* an, wie oft das Lösungsverfahren angewandt werden muss, bis eine gültige Lösung erzeugt ist. Das heißt z.B. wie oft der Pfad neugeplant oder überprüft werden muss. Eine Iteration beinhaltet die Planung des Pfades auf Basis vorhandener Informationen über den Raum, die Kommunikation mit anderen EE im Umfang der vorgegebenen Bandbreite und Reichweite, die Bewegung eines EE mit Schrittweite eins auf der Karte, das Anfordern oder Entfernen eines EE, das Anfordern der Laserinformationen in der vorgegebenen Lasersichtweite und Laseridentifikationsweite oder einfach das Warten auf neue Informationen von anderen EE. Die Iteration ist beendet, wenn alle EE ein Mal den Algorithmus aufgerufen haben, in der sie eine oder eine Kombination dieser Funktionen durchführen.

Qualität

Der Begriff Qualität ist nach DIN EN ISO 9000:2005 (2005, Definition 3.1.1 und 3.5.2) des Normenausschuss Qualitätsmanagement, Statistik und Zertifizierungsgrundlagen (NQSZ) der:

> "Grad, in dem ein Satz inhärenter Merkmale Anforderungen erfüllt. [...] 'Inhärent' bedeutet im Gegensatz zu 'zugeordnet' 'einer Einheit innewohnend', insbesondere als ständiges Merkmal.
>
> [Ein] Qualitätsmerkmal [ist ein] inhärentes Merkmal eines Produkts, Prozesses oder Systems, das sich auf eine Anforderung bezieht."

Liggesmeyer (2009, S.5f) erklärt dazu, "Qualitätsmerkmale stellen Eigenschaften einer Funktionseinheit dar, anhand derer ihre Qualität beschrieben und beurteilt wird, die jedoch keine Aussage über den

Grad der Ausprägung enthalten. [...] Die konkrete Feststellung der Ausprägung geschieht durch die Qualitätsmaße.".

Größe	Beschreibung	Einheit	Referenz
ΔSojournTime %	Prozentuale Abweichung der resultierenden Durchlaufzeit zur global minimalen Durchlaufzeit der Referenz 4, welche für dieses Kriterium optimale Ergebnisse liefert.	%	Ref4
ΔShortestPath %	Prozentuale Abweichung von kürzester gefundener Pfadlänge zur global optimalen Pfadlänge.	%	Ref1
ΔDirectionShifts %	Prozentuale Abweichung der Richtungswechsel der Lösung zur global minimalen Anzahl am Richtungswechseln.	%	Ref2

Tabelle 7.3.: Zielgrößen der Qualität

Um die Qualität einer Lösung zu beschreiben, können die Optimierungskriterien für den Pfadaufbau herangezogen werden. Die Pfadlänge, die kürzeste Pfadlänge, die Anzahl der Richtungswechsel sowie die Durchlaufzeit bilden die Grundlage für die Bewertung. Die Absolutwerte der Zielgrößen geben nur geringe Auskunft über die tatsächliche Qualität der Lösung, weil ihr Ausmaß von vielen Einflussfaktoren abhängig ist, z. B. von der absoluten Pfadlänge[5] eines gegebenen Problems.

Aus diesem Grund wird der Vergleich mit den jeweiligen Referenzen als relative Abweichung der Kennzahlen vom Optimum genutzt.

ΔSojournTime % gibt die prozentuale Abweichung der Durchlaufzeit der Lösung von der optimalen Durchlaufzeit an. Die Durchlaufzeit hängt von den beiden Kennwerten *ShortestPath* und *DirectionShifts on ShortestPath* ab. Als Referenz dient hier Referenz 4 (Minimal reaction time, siehe Abschnitt 7.3.4), die die Durchlaufzeit optimiert.

$$\Delta\text{SojournTime}_{ik}\% = \frac{\text{SojournTime}_{ik} - \text{SojournTime}_{Ref4,k}}{\text{SojournTime}_{Ref4,k}}$$

---

[5]Sie hängt unter anderem von Raumgröße, Hindernisdeckungsgrad und -anordnung ab.

ΔShortestPath % gibt an, wie stark der Algorithmus von dem Optimierungskriterium Pfadlänge abweicht. Werden die kürzesten Pfade jedes Durchlaufs i verschiedener Karten k miteinander verglichen, so muss die Pfadlänge ins Verhältnis zum globalen Optimum jeder Karte k gesetzt werden. Zum Vergleich steht Referenz 1 (ShortestPath, siehe Abschnitt 7.3.4) zur Verfügung.

$$\Delta \text{ShortestPath}_{ik}\% = \frac{\text{ShortestPath}_{ik} - \text{ShortestPath}_{Ref1,k}}{\text{ShortestPath}_{Ref1,k}}$$

ΔDirectionShifts % gibt die prozentuale Abweichung der Lösung zur minimal nötigen Anzahl der Richtungswechsel an. Als Referenzalgorithmus der die minimale Anzahl an Richtungswechsel berechnet wird Referenz 2 (Minimal Shifts, siehe Abschnitt 7.3.4)verwendet.

$$\Delta \text{DirectionShifts}_{ik}\% = \frac{\text{DirectionShifts}_{ik} - \text{DirectionShifts}_{Ref2,k}}{\text{DirectionShifts}_{Ref2,k}}$$

7.3. Versuchsplanung

Nachfolgend wird der entwickelte Versuchsplan beschrieben. Hierzu werden die ausgewählten Einflussgrößen des Systems beschrieben. Kapitel 7.3.2 stellt die Versuchskarten vor. Im Anschluss werden die zu den Kartensätzen korrespondierenden Versuchspläne erklärt. Abschließend werden verschiedene Algorithmen vorgestellt, die als Referenz verwendet werden.

7.3.1. Auswahl der Faktoren

Faktoren sind die Parameter des Modells, die in den Versuchen betrachtet werden sollen. Als Faktoren werden solche Steuer-, Signal- oder Störgrößen gewählt, bei denen eine große Wirkung auf die Zielgrößen vermutet wird. Im Bewertungsverfahren werden die folgenden Einflussgrößen betrachtet und die Effekte ihrer Einstellungen analysiert:

- Lasersichtweite
- Laseridentifikationsweite

- Richtungswechselkosten
- Simulationskarten (Hindernisdeckungsgrad und -anordnung)

Mit diesen Faktoren sind vier Größen im Fokus, für die ein bedeutender Einfluss auf den Stetigclusteraufbau vermutet wird. Die Signalgrößen Hindernisdeckungsgrad und -anordnung sind Eigenschaften der Simulationskarten.

Alle anderen Parameter werden nicht verändert, unter ihnen die Steuergrößen Kommunikationsreichweite und Bandbreite aber auch Signalgrößen wie die Kartenform und -größe. Für sie werden neutrale Einstellungen gewählt, bei denen sie wenig Einfluss auf die Ergebnisse erwarten lassen. Die Steuergrößen Kommunikationsweite und Bandbreite, werden auf den Wert ∞ festgelegt, d. h. die Kommunikation wird nicht begrenzt. Die Signalgrößen Kartengröße und -form werden auf ein Innenraummaß von 40x40 Felder festgelegt sowie die (Elemente-)Quelle und Senke jeweils an der linken bzw. rechten Wand mittig platziert.

7.3.2. Versuchskarten

Um aussagekräftige Ergebnisse der Algorithmen zu erhalten, müssen diese mit möglichst vielen Karten getestet werden. Dieser Forderung steht der Zeitaufwand für die Experimente gegenüber. Tabelle 7.4 zeigt die benötigten Versuchszeiten für den Versuchsplan der Referenzkarten (Abschnitt 7.3.3) mit verschieden hohen Kartenzahlen.

Karten	Versuche	Zeit[6]
26	8.850	50 Std.
100	33.000	8 Tage
2.000	660.000	5,3 Mon.
4.200	1,386 Mio.	11,2 Mon.
10.000	3,300 Mio.	2 Jahre 2 Mon.

Tabelle 7.4.: Versuchszeit des Versuchsplans für Referenzkarten

Da die Versuchzeit bei einer großen Anzahl von Versuchen zeitlich nicht beherrschbar ist, wurden 26 Referenzkarten (Anhang A.2) entwickelt.

---

[6]Simulationszeit für 26 Karten gemessen auf Intel Core i7 950 (64-Bit), 8 Prozessoren à 3,07GHz, 12GB RAM.; restliche Zeiten prognostiziert

Ziel ist es mit diesen Karten Vorversuche mit einer hohen Anzahl an Faktorstufenkombinationen durchzuführen. Danach werden die so ermittelten besten Faktoreinstellungen mit einer großen Anzahl an Zufallskarten (Abschnitt 7.3.2) überprüft.

Referenzkarten Mit den Referenzkarten wurden Szenarien entwickelt, die neben Praxisbeispielen für KARIS auch besondere Anforderungen an das Lösungsverfahren testen. Besondere Anforderungen sind z. B. geringe Sichtweiten der EE im Raum oder eine hohe Anzahl an Sackgassen. Die Referenzkarten bieten jedem Algorithmus eine einheitliche Vergleichsbasis gegenüber allen anderen Algorithmen. Die 26 Referenzkarten werden in sechs thematische Gruppen eingeteilt:

1. Hindernisklassen
2. Deckungsgrad der Hindernisse
3. Spezielle Eigenschaften
4. Spezielle Hindernisse
5. Prozesse eines Distributionszentrums

Für eine detaillierte Beschreibung der Referenzkarten siehe Anhang A.2 und Anhang A.1.

Zufallskarten Zur Überprüfung ob die Ergebnisse aus den Referenzkarten, welche einen strukturierten bzw. anwendungsbezogenen Aufbau haben, werden im Anschluss die Ergenisse mit den besten Faktoreinstellungen auf 4200 zufällig generierten Karten durchgeführt. Die Größe ist wie bei den Referenzkarten 40x40 Felder. Ihr Deckungsgrad variiert von 10% bis 40% in Schritten von 5 Prozent. Zusätzlich wurde bei der Kartenerstellung die Wahrscheinlichkeit für die Zusammenhängigkeit von Hindernissen auf 6 Stufen verändert. Sie hat die Abstufung 0, 30, 60, 90, 95 und 99%. Diese Einstellungen gewährleisten eine hohe Variation des Kartendesigns für die Simulation. Jede der resultierenden 42 Kartenvarianten ist 100 Mal in diesem Kartensatz enthalten.

7.3.3. Versuchspläne

Im Folgenden werden die Versuchspläne für die Referenz- und Zufallskarten beschrieben.

Versuchsplan unter Verwendung der Referenzkarten Tabelle 7.5 zeigt den Versuchsplan für die Referenzkarten. Es werden die Faktoren Lasersichtweite, Laseridentifikationsweite und Richtungswechselkosten untersucht. Für die Ermittlung von Haupteinflussfaktoren sind möglichst viele Stützstellen im Versuchsplan wünschenswert. Deshalb wird eine hohe Faktorstufenzahl gewählt. Die Effekte der raumbezogenen Einflussgrößen Lasersichtweite und Laseridentifikationsweite werden mit 10 Faktorstufen überprüft. Die maximale Sichtweite in den Versuchsräumen beträgt 56 Felder.[7] In einem leeren Raum dieser Größe erlangt ein EE mit dieser Sichtweite eine globale Sicht des Raumes. Als Startwert werden 3,57% (2 Felder) der maximalen Sichtweite gewählt. Die Einstellungen von Lasersichtweite und Laseridentifikationsweite werden also im Bereich von 2 bis 56 Feldern mit einer Schrittweite (Inkrement) von 6 Feldern variiert. Auf dem vorgegebenen Intervall $[0; 10]$ werden die Richtungswechsel auf sechs Stufen getestet. Da zwischen der Lasersichtweite und der Laseridentifikationsweite eine technische Abhängigkeit existiert, darf diese nie größer als die Lasersichtweite sein. Diese Ungleichung $LaserRange \geq LaserIdentifikationRange$ ermöglicht es, die Versuchszahl um den Faktor $\frac{n+1}{2n}$ zu verringern.

Faktor	Startwert	Inkrement	Faktorstufen	Endwert
LaserRange	2	6	10	56
LaserIdentifyRange	2	6	10	56
CornerCosts	0	2	6	10
Nebenbedingung:	LaserRange $\geq$ LaserIdentifyRange			

Tabelle 7.5.: Faktoreinstellungen für 40x40 Karten

Versuchsplan unter Verwendung der Zufallskarten Die Einstellungen für die Zufallskarten werden auf Basis der Referenzkarten-Ergebnisse

---

[7]Diagonale des Raumes.

ausgewählt. Es können a priori keine Faktoreinstellungen angegeben werden. Das Verfahren zur Auswahl der Einstellungen wird in Kapitel 7.4.2 beschrieben.

7.3.4. Referenzalgorithmen

Die zentralen Referenzalgorithmen dienen als Benchmark für die Güte (Robustheit, Aufwand, Qualität) der untersuchten Verfahren. Das Ziel der Untersuchung ist, die Güte der Ergebnisse von dezentralen Lösungsverfahren gegenüber zentralen optimalen Lösungsverfahren zu zeigen. Als Referenz stehen dazu vier zentrale Algorithmen auf Basis des A*-Algorithms (siehe Kapitel 4.1.6) zur Verfügung, die für verschiedene Kriterien optimale Ergebnisse liefern (siehe Tabelle 7.6). Während die ersten beiden Algorithmen für nur je ein Kriterium optimale Ergebnisse liefern, wird beim dritten Algorithmus aus der Lösungsmenge der global minimalen Pfadlängen diejenige Lösung gewählt, welche die geringste Richtungswechselanzahl besitzt. Der letzte Algorithmus liefert die optimale Durchlaufzeit des aufgebauten Stetigförderers.[8]

Je nach betrachtetem Optimierungskriterium kann ein Ergebnis des dezentralen Algorithmus besser sein als eines der zentralen Referenzalgorithmen, jedoch nie besser als das Ergebnis des zentralen Algorithmus für das betrachtete Kriterium.

Referenz		Optimierungskriterium
Ref1	A* (Optimal Path)	Min Pfadlänge
Ref2	A* (Minimal Shifts)	Min Richtungswechsel
Ref3	A* (Optimal Path, Minimal Shifts)	1. Min Pfadlänge
		2. Min Richtungswechsel
Ref4	A* (Minimal Reaction Time)	Min Durchlaufzeit

Tabelle 7.6.: Referenzalgorithmen

---

[8]Unter Verwendung folgender technischer Randbedingungen: Beschleunigung $a = 2m/s^2$, Fördergeschwindigkeit $v_{max} = 1m/s$, die Schaltzeit bleibt unberücksichtigt.

7.4. Bewertungsverfahren

Ziel des Bewertungsverfahrens (siehe Abb. 7.7) ist es, den gesamten Leistungsbereich, sowie auch das Verhalten bei den Einstellungen der besten Faktoren zu überprüfen.

Abbildung 7.7.: Ablaufdiagramm des Bewertungsverfahrens

Zu Beginn des Bewertungsverfahrens wird der Algorithmus in den Referenzkarten (Kapitel 7.3.2) mit dem dazugehörigen Versuchsplan (Kapitel 7.3.3) simuliert. Der erste Bewertungsschritt analysiert die Leistungsfähigkeit des Algorithmus im gesamten Einstellungsbereichs der Faktoren. Dabei liegt die Effektstärke und die Art des Einflusses jedes Faktors im Fokus der Analyse.

Danach werden die Ergebnisse der Referenzkarten auf optimale Ergebnisse hinsichtlich der einzelnen Leistungsbereiche Robustheit, Aufwand und Qualität untersucht (2. Beste Faktoreinstellungen, Abbildung 7.7). Die korrespondierenden Faktoreinstellungen aller drei Bereiche werden nun mit den Zufallskarten erneut simuliert.

Im dritten und letzten Schritt werden die Ergebnisse der Referenzkarten mit den Ergebnissen der Zufallskarten verglichen. Ziel ist es, eine

Aussage zu erhalten, in wieweit die Ergebnisse aus den Referenzkarten auf beliebige Karten erweiterbar sind.

7.4.1. Leistungsbereiche des Algorithmus

Die Versuchsergebnisse aus den Referenzkarten werden einer Analyse zur Beschreibung der Effekte der Faktoren unterzogen (Abbilung 7.7: 1. Leistungsbereiche des Algorithmus).

Dafür werden zunächst die arithmetischen Mittelwerte von allen Wiederholungen für jede Faktorstufenkombination berechnet. Zudem wird der Stufenmittelwert unter Fixierung eines Faktors bei einer Einstellung und der Variation aller anderern Faktoren gebildet. Die Stufenmittelwerte der Faktoren Lasersichtweite, Laseridentifikationsweite und Richtungswechselkosten werden in Tabelle 7.7 zusammen mit dem Gesamtmittelwert angegeben.

Faktoren	Versuchsumfang	Ø ValidPathFound	Ø ΔElements	Ø ΔSojournTime
LaserRange				
2	1.560	92,82%	309,09%	1,040%
8	3.119	99,65%	101,67%	1,310%
14	4.680	99,32%	82,57%	1,560%
20	6.241	99,74%	75,63%	1,660%
26	7.802	99,68%	73,23%	1,220%
32	9.361	99,55%	72,57%	1,470%
38	10.923	99,51%	72,61%	1,480%
44	12.481	99,62%	73,12%	1,440%
50	14.046	99,47%	73,01%	1,410%
56	15.601	99,53%	72,90%	1,400%
LaserIdentifyRange				
2	15.604	98,85%	98,51%	1,760%
8	14.041	99,52%	77,73%	1,540%
14	12.483	99,62%	74,75%	1,290%
20	10.921	99,62%	73,27%	1,330%
26	9.361	99,57%	72,86%	1,290%
32	7.800	99,53%	73,00%	1,330%
38	6.242	99,54%	73,26%	1,320%
44	4.680	99,55%	73,28%	1,310%
50	3.122	99,58%	73,06%	1,300%
56	1.560	99,29%	72,57%	1,290%
CornerCosts				
0	14.302	99,99%	23,85%	1,39%
2	14.302	99,75%	77,06%	0,81%
4	14.306	99,05%	78,99%	0,75%
6	14.303	99,76%	91,87%	1,44%
8	14.299	98,82%	96,16%	2,00%
10	14.302	99,24%	104,63%	2,18%
Gesamtmittelwert:	85.814	99,43%	78,69%	1,430%

Tabelle 7.7.: Beispiel: Stufenmittelwerte der Hauptzielgrößen

Abbildung 7.8 zeigt ein Beispiel für die grafische Auswertung der Ergebnisse für die Hauptzielgrößen ValidPathFound, ΔElements % und ΔSojournTime %. Sie werden über die Stufen der Faktoren Lasersichtweite, Laseridentifikationsweite und Richtungswechselkosten aufgetragen. Die Mittelwerte jeder Faktorstufenkombination sind in den Grafiken als Punkte aufgetragen. Weiter ist in jedem Graphen ein Boxplot der Verteilung je Faktorstufe zu sehen. Schließlich wird eine geglättete Kurve der Stufenmittelwerte aus Tabelle 7.7 gezeigt. Diese Grafik gibt einen Überblick über das Verhalten der Zielgrößen bei Veränderung der Faktoreinstellungen.

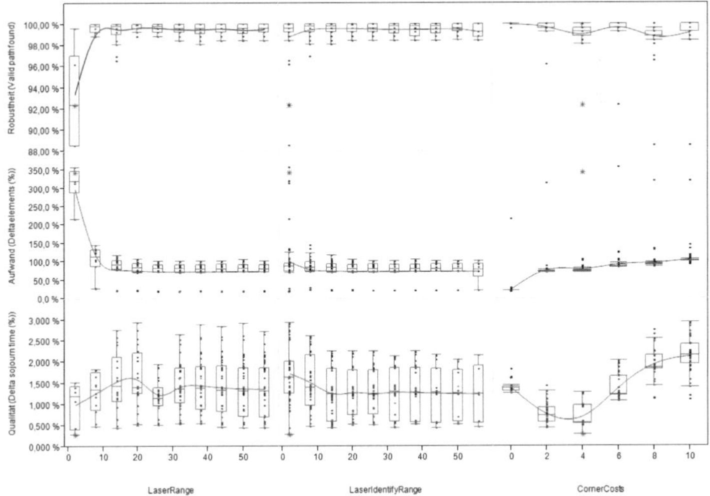

Abbildung 7.8.: Beispiel: Hauptzielgrößen

Für die Beschreibung der Haupteinflussfaktoren und ihrer Effekte ist zielgrößenweise vorzugehen. Die Haupteinflussgröße einer Zielgröße kann durch die Grafik bestimmt werden. Ist die Rangfolge der Wichtigkeit nicht eindeutig erkennbar, kann Tabelle 7.7 herangezogen werden. Für die Bestimmung der Effektgröße werden Maximum und Minimum der zu betrachtenden Zielgröße eines jeden Faktors aus der Tabelle ausgewählt. Der Effekt eines Faktors kann durch den Betrag seiner Differenz angegeben und eine Rangfolge gebildet werden.

Unter Nennung von Lage und Wert der globalen und lokalen Optima im Kurvenverlauf können die einzelnen Kurven der Stufenmittelwerte beschrieben werden. Das globale Optimum jeder Zielgröße ist in der Tabelle für alle drei Faktoren zu markieren.

Weiterhin können die Boxplots zur Beschreibung der Ergebnisse hinzugenommen werden. Große Interquartilsabstände[9] deuten auf eine weite Streuung der Ergebnisse, die durch Faktoreinstellungen anderer Faktoren verursacht werden, die sogenannten Wechselwirkungen, hin. Kleine Interquartilsabstände deuten auf einen geringen Einfluss durch andere Faktoren hin.

7.4.2. Bestimmung der besten Faktoreinstellungen für die Bereiche Robustheit, Aufwand und Qualität

Der zweite Schritt des Bewertungsverfahrens dient der Bestimmung der Pareto-Grenze und der Festlegung unikriteriell-dominierender Faktoreinstellungen. Pareto-optimale Ergebnisse werden in der Pareto-Grenze zusammengefasst. Ein Ergebnis ist Pareto-optimal, wenn keine Zielgröße verbessert werden kann, ohne eine andere Zielgröße zu verschlechtern (Hutchison et al. 2008).

Die Zielgrößen Robustheit, Aufwand und Qualität spannen einen dreidimensionalen Ergebnisraum auf (sie Abb. 7.9. Die Lage der Ergebnispunkte veranschaulicht die Güte der Faktoreinstellungen für die drei Zielgrößen. Die Pareto-optimalen Ergebnisse sind grau im Zielgrößenraum gezeichnet. Die Optimierungsrichtung für Aufwand und Qualität ist der Ursprung (0%), für Robustheit 100%. Die Auswahl der Paretooptimalen Einstellungen wird in Tabelle 7.8 angegeben.

---

[9]Interquartilsabstand entspricht Größe der Box.

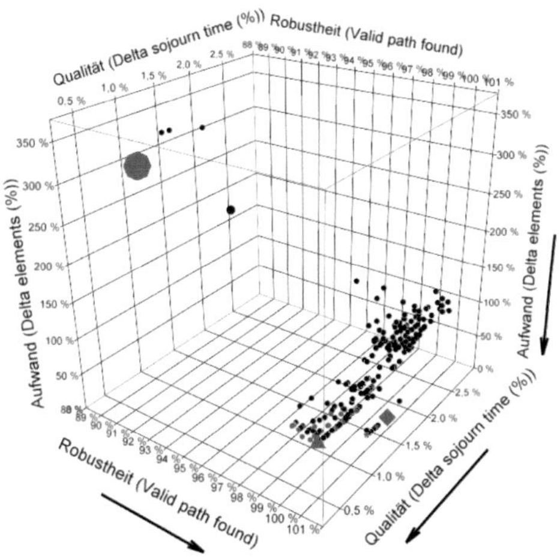

Abbildung 7.9.: Beispiel: 3D-Streudiagramm der Ergebnisse

Nr.	Laser Range	LaserIdentify Range	Corner Costs	Robustheit (ValidPathFound)	Aufwand (ΔElements)	Qualität (ΔSojournTime)
1	2	2	4	92,31%	343,39%	0,328%
2	14	14	0	100,00%	22,53%	1,254%
3	20	20	4	100,00%	73,49%	0,571%
4	26	26	2	99,62%	69,96%	0,955%
5	26	26	4	99,62%	71,94%	0,558%
6	32	2	0	100,00%	18,34%	1,612%
7	32	14	2	99,23%	70,77%	0,677%
.	.	.	.	.	.	.
35	56	56	2	99,23%	71,67%	0,499%

Tabelle 7.8.: Beispiel: Pareto-optimale Faktoreinstellungen

Zur Festlegung unikriteriell-optimaler Faktoreinstellungen wird aus der Menge der Pareto-dominanten Ergebnisse hinsichtlich einer Zielgröße das beste Ergebnis gewählt.[10] Diese Auswahl kann als Gewichtung der Zielgröße mit 1 und aller anderen Zielgrößen mit 0 angesehen werden, wie Tabelle 7.9 verdeutlicht.

---

[10]Die Faktoreinstellungen werden hier als diskret angesehen. Es können nur die vorhandenen Faktorstufenwerte gewählt werden.

Optimierungsziel	Robustheit	Aufwand	Qualität
Robustheit	1	0	0
Aufwand	0	1	0
Qualität	0	0	1

Tabelle 7.9.: Gewichtung für unikriteriell-dominierende Ergebnisse

Die hinsichtlich eines Kriteriums optimalen Ergebnisse sind in Tabelle 7.8 markiert. Sie sind in Abbildung 7.9 durch graue Symbole gekennzeichnet (Robustheit ▲, Aufwand ♦ und Qualität •).

Manchmal ist eine eindeutige Wahl nicht sofort ersichtlich, wenn mehrere Faktorstufenkombinationen gleiche Ergebnisse haben, wie die Robustheit in dem Beispiel (vgl. Tabelle 7.8).

Eine Möglichkeit ist nun die Suche nach jenen Faktoreinstellungen aus der Pareto-Menge, deren Ergebnisse robust[11] gegenüber äußeren Einflüssen[12] sind, also die Ergebnisstreuung der Zielgröße minimiert wird. Zur Wahl dieser Kombination kann wieder auf Tabelle 7.7 zurückgegriffen werden. In der Reihenfolge der aufgestellten Haupteffektrangfolge werden die Faktorstufen nacheinander festgelegt. Dabei wird anhand der besten Mittelwerte jede Faktoreinstellung bestimmt. Ist die Faktoreinstellung nicht Teil der Pareto-Menge, muss eine andere, nächstbeste Faktoreinstellung ausgewählt werden.

In einigen Fällen hat sich gezeigt, dass kein befriedigender Kompromiss für die Faktoreinstellungen gefunden werden kann. Durch die Hinzunahme jeweils eines weiteren Optimierungskriteriums können zwei Einstellungen ausgewählt werden. Dazu wird aus den Einstellungen optimaler Robustheit ein zweites Kriterium mit optimalem Ergebnis ausgesucht. Sie werden beide getestet und miteinander verglichen.

7.4.3. Prüfung auf Erweiterbarkeit des Gültigkeitsbereichs

Die gewählten unikriteriell-dominierenden Faktoreinstellungen werden im nächsten Schritt in den Zufallskarten getestet. Dieses Experiment hat

---

[11] Entwicklung robuster Prozesse, siehe Kleppmann (2006, S.158ff).

[12] Äußere Einflüsse sind Signal- und Störgrößen (siehe Kapitel 7.2.2 und 7.2.3).

zum Ziel, die erweiterte Gültigkeit der Ergebnisse auf zufällig gewählte Karten zu prüfen (Abbildung 7.7: 3. Prüfung der Erweiterbarkeit des Gültigkeitsbereichs).

Es soll gezeigt werden, ob und wie gut die Testergebnisse der Referenzkarten durch die Ergebnisse der Zufallskarten bestätigt werden können. Dazu stehen die in den beiden vorangegangenen Abschnitten getroffenen Aussagen über die statistischen Maße der gewählten Faktoreinstellungen zum Vergleich.

Die Ergebnisse der Zufallskarten sind mit ihren Pendants aus den Referenzkarten zu vergleichen. Sind die Ergebnisse hinsichtlich der drei Zielgrößen von vergleichbarer Güte, ist eine erweiterte Gültigkeit der getroffenen Optimalitätsaussagen nahe liegend.

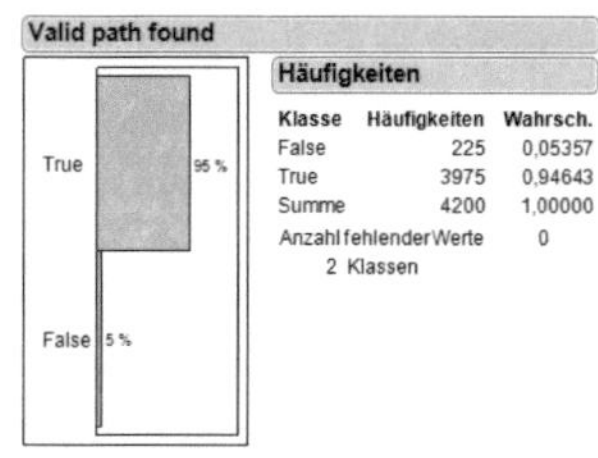

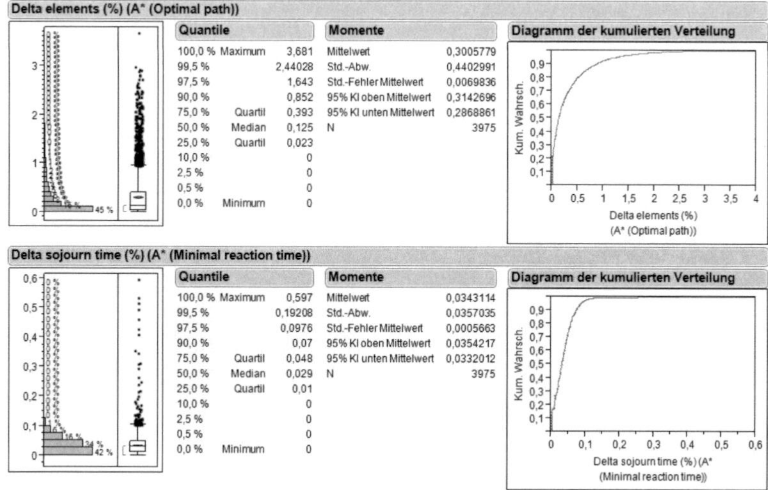

Abbildung 7.10.: Beispiel: Zielgrößenverteilungen für optimale Einstellung - Aufwand (Zufallskarten)

Die Analyse wird durch Bildung der Häufigkeitsverteilungen der Versuchsergebnisse unterstützt, wie sie in Abbildung 7.10 zu sehen sind. Für *ValidPathFound* (Robustheit) wird die Häufigkeitsverteilung der binären Kennzahl angegeben. Für $\Delta Elements\%$ und $\Delta Sojourn Time\%$ werden zusätzlich Boxplot, Quantile, Momente (Mittelwert, etc.) und das Diagramm der kumulierten Verteilung angegeben. Zunächst wird der bisher verwendete Mittelwert beider Versuche verglichen. Dazu kann auch ihr Konfidenzintervall (KI) herangezogen werden. Median und 99,5%-Quantil ermöglichen einen Vergleich, der von Ausreißern unabhänigig ist. Gleichzeitig kann mit dem 99,5%-Quantil eine ausreißerbereinigte Obergrenze der Zielgröße angegeben werden. Für die Robustheit genügt der Vergleich der Häufigkeitsverteilung.

Abschließend können die Ergebnisse der Zufallskarten untereinander verglichen werden. Es soll hinterfragt werden, ob die getroffenen Aussagen über die Güte der Faktoreinstellungen bestätigt werden können. Ist dies nicht der Fall, müssen die Faktoreinstellungen als beste Einstellungen im erweiterten Sinne abgelehnt werden.[13]

---

[13]Es ergeben sich z.B. andere Rangfolgen für die Optimierungskriterien Robustheit, Aufwand, Qualität als aus den Referenzkarten hervorgeht.

8. Bestimmung der Leistungsfähigkeit

In Kapitel 8 wird das entwickelte Bewertungsverfahren, welches im vorherigen Kapitel 7 vorgestellt wurde auf die beiden beschrieben Verfahren (BonE und dRandom, Kapitel 6) angewandt. Die Ergebnisse geben einen detaillierten Überblick der Leistungsfähigkeit der Verfahren im Vergleich zu zentralen Lösungsverfahren. Zu berücksichtigen ist hierbei jedoch, dass zentrale Lösungsverfahren in diesem Zusammenhang meist nicht realisierbar sind, da die Voraussetzung (z.B. globale Sicht, usw.) nicht bzw. nur zu sehr hohen Kosten zu realisieren wären.

8.1. Partial Build on Directed Exploration (BonE)

Basierend auf dem beschrieben Bewertungsverfahren (Kapitel 7.4) wurde die Leistungsfähigkeit von BonE wie folgt ermittelt.

8.1.1. Bestimmung der Leistungsbereiche

Im ersten Schritt werden die Ergebnisse der Referenzkarten bewertet (Abb. 7.7: 1. Leistungsbereiche des Algorithmus). Abbildung 8.1 trägt die drei Hauptzielgrößen für die untersuchten Faktoren Lasersichtweite, Laseridentifikationsweite und Richtungswechselkosten auf. Die Mittelwerte der Faktorstufen sind in Tabelle 8.1 zu finden.

Im Folgenden werden die drei Leistungbereiche Robustheit, Aufwand und Qualität mit den Hauptzielgrößen *ValidPathFound*, $\Delta Elements\%$ beziehungsweise $\Delta SojournTime\%$ untersucht.

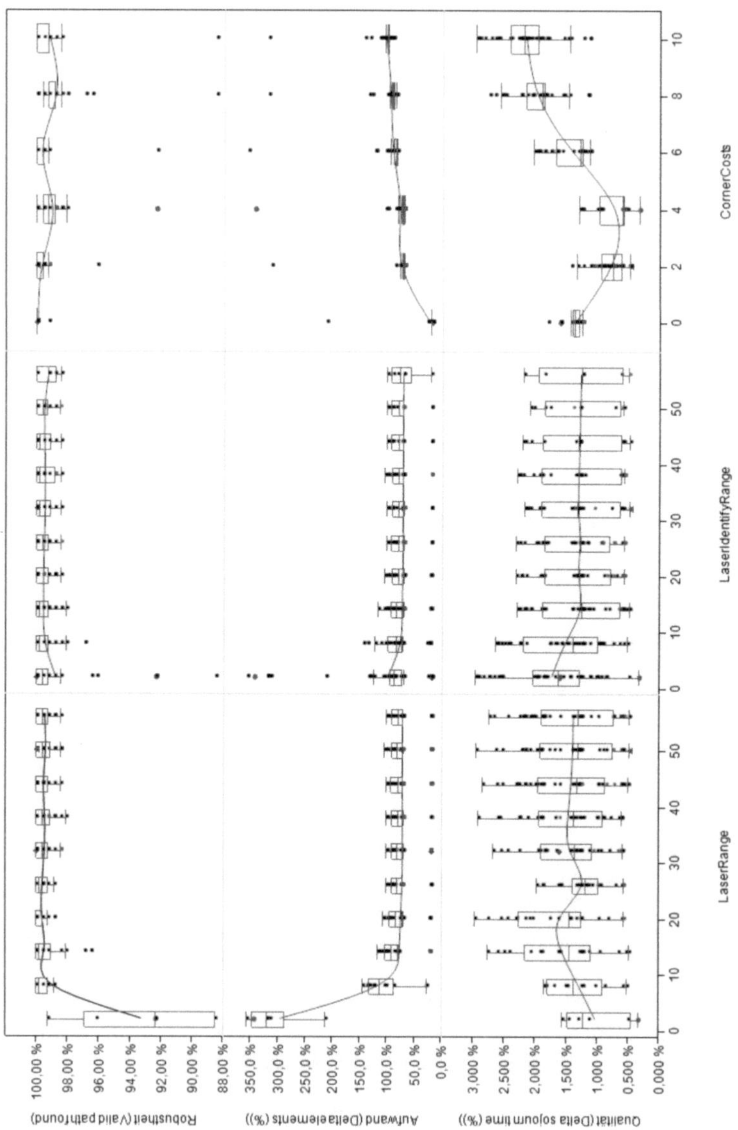

Abbildung 8.1.: BonE: Hauptzielgrößen

Robustheit

Robustheit wird als die Lösung des Pfadfindungsproblems in einer vorgegeben, akzeptierbaren Zeit, dem Iterationslimit, definiert. Der Algorithmus kann jedoch in einem ausreichend großen Zeitraum immer eine Lösung finden. Für die Robustheit gibt die Zielgröße *ValidPathFound* den Anteil erfolgreicher Pfadsuchen an. Die Ergebnisse sind in Abbildung 8.1 (links) zu sehen.

Die Haupteinflussgröße der Robustheit ist mit einem maximalen Effekt von $99{,}74\% - 92{,}82\% = 6{,}92\%$ die Lasersichtweite. Sie hat den stärksten Gesamteinfluss auf die Zielgröße bei den betrachteten Faktoreinstellungen auf das System. Diesem folgt in großem Abstand der Kostenfaktor für Richtungswechsel mit $1{,}17\%$ und Laseridentifikationsweite mit $0{,}77\%$. Der Gesamtmittelwert zeigt für alle Faktorstufenkombinationen eine geringe Abweichung von $0{,}57\%$.

Der Effekt der Lasersichtweite (LR) beschränkt sich in großem Maße auf niedrige Sichtweiten.[1] Die Robustheit sinkt im Lasersichtbereich von $35{,}7\%$ bis 100% der maximalen Sichtweite (20-58 Felder) nie unter das Niveau von $99{,}47\%$. BonE zeigt also über einen weiten Bereich ausgezeichnete Robustheit. Das schlechteste Ergebnis wurde erwartungsgemäß für $3{,}6\%$ (2 Felder) Lasersichtweite erzielt, das beste Ergebnis ergab sich bei einer Lasersichtweite von 20 Feldern, was $35{,}7\%$ der maximalen Sichtweite (56 Felder). entspricht. Durch die Boxplots erkennbar ist die Abweichung der Stufenergebnisse auf dieser Einstellung ebenfalls am geringesten. Sie steigt danach wieder leicht an.

Für den Faktor Laseridentifikationsweite (LIR) zeigen sich in der mittleren Spalte der Abbildung keine großen Effekte für die Robustheit. Die Wahrscheinlichkeiten bewegen sich im Bereich von $98{,}85\%$ bis $99{,}62\%$ im Mittel. Wie bei der Lasersichtweite gilt auch hier, dass die Wahrscheinlichkeiten für Laseridentifikationsreichweiten in weiten Faktorbereichen auf hohem Niveau verharren. Im Bereich von $14{,}3\%$ bis $89{,}3\%$ (8-50 Felder) Laseridentifikationsweite sinkt sie nie unter $99{,}52\%$. An beiden Enden des Faktorbereichs fällt die Robustheit ab. Für das obere Ende der Laseridentifikationswerte kann jedoch angenommen werden, dass dies ein Effekt auf Grund der Abhängigkeit der Laseridentifikati-

---

[1] Vgl. Abbildung 8.1 unten, links.

onsweite von der Lasersichtweite ist. Mit steigender Laseridentifikationsweite sinkt der Versuchsumfang für die Faktorstufen.[2] Für den unteren Faktorbereich von 3,6% bis 25% (2-14 Feldern) Laseridentifikationsweite kann festgestellt werden, dass deutlich mehr Ausreißerpunkte vorhanden sind. Sie werden maßgeblich durch niedrige Lasersichtweiten beeinflusst, sind also kein direkter Effekt der Laseridentifikationsweite.

Der Faktor Richtungswechselkosten (CC) zeigt kein einheitliches Bild. Für Richtungswechselkosten von 0 Einheiten ist das globale Optimum für Robustheit in Tabelle 8.1 zu finden, bei dem in allen zugehörigen Faktorkombinationen nahezu keine Fehler auftreten (Robustheit 99,99%). Werden Richtungswechsel nicht bestraft ($CC = 0$), kann also der Stetigcluster in dem vorgegebenen Zeitlimit meist ohne Probleme aufgebaut werden. Neben dem globalen Maximum existiert bei 6 Kosteneinheiten ein lokales Maximum. Es liegt mit 99,76% auf etwa gleichem Niveau wie $CC = 2$ Kosteneinheiten. Das Ergebnis für 4 Kosteneinheiten ist dagegen wieder schlechter.

Aufwand

Der Bereich Aufwand wird durch die Zielgröße Δ Elements % beschrieben. Sie gibt die prozentuale Abweichung des Elementebedarfs gegenüber dem minimal benötigten Bedarf der Referenz 1 (Optimal Path) an.

Die grafische Analyse des Aufwands in Abbildung 8.1 (mitte) zeigt große Effekte für den Faktor Lasersichtweite (Maximaler Effekt: 236,52%). Die Laseridentifikationsweite hat mit 25,94% einen deutlich geringeren Einfluss auf die Zielgröße des Aufwands. Der Faktor Richtungswechselkosten hat wiederum einen stärkeren Einfluss auf das Ergebnis in einer Höhe von 80,78%.

Die Lasersichtweite beeinflusst in niedrigen Einstellungsbereichen bis 35,7% der maximalen Sichtweite (20 Felder), ähnlich wie für die Robustheit, die Güte des Ergebnisses am meisten. Für Lasersichtweiten über 35,7% der maximalen Sichtweite (20 Felder) beträgt sein Effekt auf das mittlere Ergebnis nur noch 0,66%. Das Minimum der im Durchschnitt benötigten Zusatzelemente liegt bei 57,1% (32 Felder) Lasersicht

---

[2]Vgl. die Spalte Anzahl der Tabelle 8.1.

Faktoren	Versuchsumfang	∅ ValidPathFound	∅ ΔElements	∅ ΔSojournTime
LaserRange				
2	1.560	92,82%	309,09%	1,040%
8	3.119	99,65%	101,67%	1,310%
14	4.680	99,32%	82,57%	1,560%
20	6.241	99,74%	75,63%	1,660%
26	7.802	99,68%	73,23%	1,220%
32	9.361	99,55%	72,57%	1,470%
38	10.923	99,51%	72,61%	1,480%
44	12.481	99,62%	73,12%	1,440%
50	14.046	99,47%	73,01%	1,410%
56	15.601	99,53%	72,90%	1,400%
LaserIdentifyRange				
2	15.604	98,85%	98,51%	1,760%
8	14.041	99,52%	77,73%	1,540%
14	12.483	99,62%	74,75%	1,290%
20	10.921	99,62%	73,27%	1,330%
26	9.361	99,57%	72,86%	1,290%
32	7.800	99,53%	73,00%	1,330%
38	6.242	99,54%	73,26%	1,320%
44	4.680	99,55%	73,28%	1,310%
50	3.122	99,58%	73,06%	1,300%
56	1.560	99,29%	72,57%	1,290%
CornerCosts				
0	14.302	99,99%	23,85%	1,39%
2	14.302	99,75%	77,06%	0,81%
4	14.306	99,05%	78,99%	0,75%
6	14.303	99,76%	91,87%	1,44%
8	14.299	98,82%	96,16%	2,00%
10	14.302	99,24%	104,63%	2,18%
Gesamtmittelwert	85.814	99,43%	78,69%	1,430%

Tabelle 8.1.: BonE: Mittelwerte der Zielgrößen für die Faktorstufen

und beträgt 72,57% Zusatzelemente. Die Streuung der Ergebnisse innerhalb der einzelnen Faktorstufen wird durch den Einfluss des Faktors Richtungswechselkosten verursacht. Ausreißer im unteren Bereich des Graphen sind ausschließlich auf Kosten für Richtungswechsel von null zurückzuführen.

Die Laseridentifikationsweite hat einen geringen Einfluss auf die Zielgröße. Der Aufwand zeigt einen leicht abnehmenden Trend mit steigender Laseridentifikationsweite. Das Minimum zusätzlicher Elemente wird dem entsprechend bei 100% Laseridentifikationsweite (56 Felder) benötigt. Jedoch wird auch schon bei 46,4% (26 Felder) Laseridentifikationsweite ein lokales Optimum mit 72,86% Abweichung des Aufwands gefunden. Ab 25% (14 Felder) Laseridentifikationsweite variiert das mittlere Ergebnis nur noch um höchstens 2,18%. Die Boxplots zeigen für die zwei kleinsten Laseridentifikationsweiten einige Ausreißer oberhalb der Boxen. Sie sind das Ergebnis des Einflusses der Lasersichtweite, die ebenfalls auf niedrigem Niveau eingestellt ist.

Mit steigenden Richtungswechselkosten steigt der zusätzliche Elementebedarf in der Größenordnung von 23,85% bis 104,63% deutlich an. Mit einem durchschnittlichen Wert von 23,85% sowie minimaler Abweichungen hat eine Vernachlässigung der Richtungswechselanzahl ($CC = 0$) das beste Ergebnis erzeugt. Abbildung 8.1 mitte, oben zeigt für die Faktorstufen eine geringe Streuung der Ergebnisse, sodass die Boxplots nur einen geringen Interquartilsabstand besitzen. Extreme Ausreißer im oberen Bereich des Graphen sind auf niedrige Lasersichtweiten[3] zurückzuführen.

Qualität

Die Zielgröße dieses Bereichs ist Δ Sojourn Time %. Sie ist die prozentuale Abweichung der Durchlaufzeit eines Pfades vom optimalen Pfad der Referenz 4 (Minimal reaction time), die für die Durchlaufzeit optimale Ergebnisse liefert.

Die für die Qualität maßgebliche Einflussgröße ist erwartungsgemäß der Faktor Richtungswechselkosten. Er beeinflusst die Wahl des Pfades aus der Menge der Pfadalternativen durch Bestrafung von Richtungswechseln. Nach den Richtungswechselkosten (Maximaler Effekt $= 1,43\%$) hat die Lasersichtweite mit 0,62% den zweitgrößten Einfluss auf das Ergebnis, gefolgt von Laseridentifikationsweite mit 0,47%.

Die Versuchsergebnisse zeigen für die Lasersichtweite ein unruhiges Verhalten. Ein positiver Zusammenhang zwischen zunehmender Lasersichtweite und Qualität der Lösung ist nicht ersichtlich. Vielmehr hat unter den untersuchten Einstellungen der niedrigste Wert (2 Felder, 3,6% der maximalen Lasersichtweite) das beste Ergebnis (1,04%) erzielt. Also jene Einstellung, die die wenigsten Rauminformationen bereitstellt. Danach steigt die mittlere Stufenabweichung bei 35,7% (20 Felder) Lasersichtweite auf ihr Maximum von 1,66% an, um bei der nächsten untersuchten Faktorstufe auf ein lokales Minimum von 1,22% zu fallen. In Abbildung 8.1 (unten, rechts) ist in diesem Punkt zudem eine deutlich geringere Streuung zu erkennen.

---

[3]Durch die Abhängigkeiten gilt selbiges für die Laseridentifikationsweiten.

Die Erklärung der beschriebenen Effekte kann in den Einstellungen von Lasersichtweite und Laseridentifikationsweite gefunden werden. Bei der niedrigsten Einstellung der Lasersichtweite entspricht die Laseridentifikationsweite immer der Lasersichtweite.[4] Ein EE, das im Lasersichtbereich ist, wird auch als solches erkannt. Wenn die Lasersichtweite größer als die Laseridentifikationsweite ist, identifiziert ein EE ein anderes EE, das sich außerhalb der Laseridentifikationsweite befindet, als Hindernis. So "übersieht" das EE optimale Pfade-Alternativen. Eine sinkende mittlere Qualität ist die Folge. Für Laseridentifikationsweiten, die den Grenzwert der effektiven Lasersichtweite[5] überschreiten, verliert sich dieser Effekt wieder.

Die Laseridentifikationsweite spielt nur in den beiden niedrigsten Faktorstufen eine das Ergebnis- beeinflussende Rolle. Bei über 25% der maximalen Laseridentifikationsweite (14 Felder) verharrt der Mittelwert der Abweichung auf nahezu konstantem Niveau von etwa 1,3%. Die auffallend breite Streuung der Ergebnisse bei 3,6% (2 Felder) und 14,3% (8 Felder) Laseridentifikationsweite ist das Resultat der Wechselwirkung zwischen Lasersichtweite und Laseridentifkationsweite, die im vorangegangenen Absatz erklärt wurde. Ein weiterer großer Anteil an der Streuung des gesamten Faktorbereichs wird jedoch auch durch den Faktor Richtungswechselkosten verursacht.

Der Faktor Richtungswechselkosten trägt maßgeblich zur Ergebnisqualität bei. Die Durchlaufzeit weicht bei 4 Kosteneinheiten mit 0,71% Abweichung am geringsten vom optimalen Ergebnis ab. Die geglättete Kurve des Mittelwerts lässt in Abbildung 8.1 (oben, rechts) zwischen 2 und 4 Kosteneinheiten das globale Minimum für die Zielgröße erwarten. Der Median liegt bei 4 Kosteneinheiten deutlich unterhalb des Mittelwerts, d. h. die Ergebnisse sind ungleichmäßig mit überwiegend besseren Ergebnissen verteilt als der Mittelwert bei dieser Einstellung vermuten lässt. Für Richtungswechselkosten über 4 Kosteneinheiten steigt die Abweichung der Durchlaufzeit stark an.[6] Die Zeitersparnis durch geringe-

---

[4] Abhängigkeit der Faktoren: Lasersichtweite $\geq$ Laseridentifikationsweite.

[5] Tatsächliche Sichtweite der EE im Raum. Ist der Grenzwert erreicht, hat eine Erhöhung der Lasersichtweite nur noch geringen Zusatznutzen.

[6] Analog kann gesagt werden, dass die Qualität der Förderstrecke im Sinne der Durchlaufzeit deutlich sinkt.

re Richtungswechelzahlen wird durch unverhältnismäßig lange Umwege aufgehoben bzw. übertroffen. Der Boxplot für null Kosteneinheiten zeigt die geringste Streuung, d. h. die Ergebnisse aller Faktorstufenkombinationen sind ähnlich. Wenn Richtungswechsel bestraft werden, steigt der Einfluss der Faktoren Lasersichtweite und Laseridentifikationsweite an.

Auch hier lässt sich wieder zeigen, dass gleiche Einstellungen für Lasersichtweite und Laseridentifikationsweite einen positiven Einfluss auf die Ergebnisse besitzen. Innerhalb einer Richtungswechselkosteneinstellung erzielen immer diejenigen Faktoreinstellungen die besten Ergebnisse, bei denen Lasersichtweite und Laseridentifikationsweite ähnlich groß sind.[7]

8.1.2. Bestimmung der besten Faktoreinstellungen für die Bereiche Robustheit, Aufwand und Qualität

Nachdem im vorhergehenden Kapitel die Einflussart und -größe auf die Zielgrößen beschrieben wurden, werden entsprechend der Vorgehensweise aus Kapitel 7.4.2 die besten Faktoreinstellungen der drei Leistungsbereiche bestimmt.

Abbildung 8.2 zeigt die Ergebnisse der Referenzkarten im dreidimensionalen Zielgrößenraum. Die Optimierungsrichtung wird durch Pfeile neben den Größenachsen angezeigt. Graue Punkte sind Pareto-dominante Ergebnisse unter den untersuchten Einstellungen. Insgesamt 35 Pareto-dominante Ergebnisse bilden die Pareto-Grenze des Algorithmus BonE. Die Pareto-optimalen Faktoreinstellungen werden in Tabelle 8.2 angegeben.

---

[7] Dies lässt sich durch einen Vergleich der Ergebnisse und der Faktoreinstellungen im Datensatz zeigen.

Nr.	Laser Range	LaserIdentify Range	Corner Costs	Robustheit (ValidPathFound)	Aufwand (ΔEelements)	Qualität (ΔSojournTime)
1	2	2	4	92,31%	343,39%	0,328%
2	14	14	0	100,00%	22,53%	1,254%
3	20	20	4	100,00%	73,49%	0,571%
4	26	26	2	99,62%	69,96%	0,955%
5	26	26	4	99,62%	71,94%	0,558%
6	32	2	0	100,00%	18,34%	1,612%
7	32	14	2	99,23%	70,77%	0,677%
8	32	14	4	98,46%	69,88%	0,595%
9	32	20	0	100,00%	20,26%	1,333%
10	32	32	0	100,00%	20,24%	1,370%
11	32	32	2	100,00%	69,86%	1,066%
12	38	2	0	100,00%	18,41%	1,607%
13	38	20	4	98,85%	70,96%	0,607%
14	38	26	2	99,23%	68,54%	0,921%
15	44	14	0	100,00%	20,30%	1,258%
16	44	14	2	99,62%	72,50%	0,498%
17	44	20	2	100,00%	70,66%	0,865%
18	44	26	2	100,00%	71,77%	0,738%
19	44	38	2	99,62%	71,70%	0,613%
20	44	44	0	100,00%	20,28%	1,296%
21	50	20	2	100,00%	71,75%	0,750%
22	50	20	4	98,85%	71,15%	0,595%
23	50	26	0	100,00%	20,29%	1,296%
24	50	26	2	99,62%	70,44%	0,763%
25	50	26	4	98,46%	69,97%	0,582%
26	50	32	2	100,00%	73,95%	0,483%
27	50	44	2	100,00%	72,89%	0,610%
28	50	50	0	100,00%	20,16%	1,407%
29	50	50	2	100,00%	72,85%	0,610%
30	50	50	4	98,47%	70,19%	0,609%
31	56	14	4	98,85%	71,08%	0,605%
32	56	20	2	99,62%	70,67%	0,753%
33	56	38	0	100,00%	20,29%	1,296%
34	56	38	4	98,85%	71,29%	0,565%
35	56	56	2	99,23%	71,67%	0,499%

Tabelle 8.2.: BonE: Pareto-optimale Faktoreinstellungen

Die besten Ergebnisse hinsichtlich eines Kriteriums aus der Pareto-Menge sind mit großen Symbolen[8] in der Abbildung hervorgehoben und in der Tabelle grau markiert. Sie sind für die jeweilige Zielgröße die beste Entscheidung für die Einstellung der Einflussgrößen.

---

[8]Robustheit ▲, Aufwand ◆ und Qualität ●

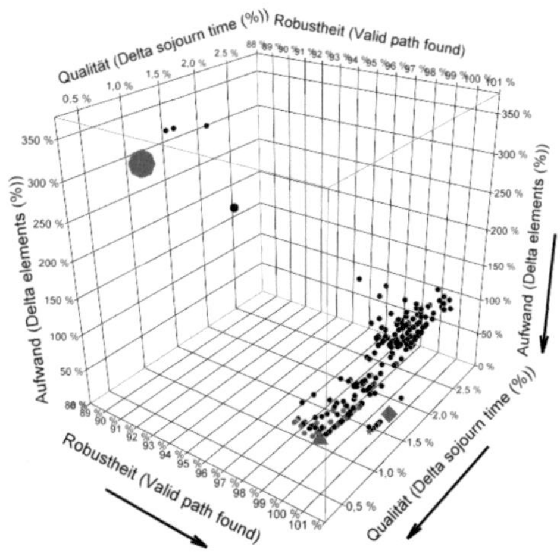

Abbildung 8.2.: BonE: 3D-Streudiagramm der Ergebnisse

Robustheit

Für die Zielgröße der Robustheit stehen 18 Einstellungen zur Auswahl, die alle 100% Robustheit erreicht haben. Sie tragen in der Tabelle 8.2 die Nummer 2, 3, 6, 9-12, 15, 17, 18, 20, 21, 23, 26-29 und 33. Betrachtet man ausschließlich die Robustheit als Kriterium sind sie alle gleich gut. Deshalb werden die anderen Kriterien Aufwand und Qualität zur Auswahl der Faktoreinstellungen herangezogen. Abbildung 8.3 zeigt die Lage der Ergebnisse für die Zielgrößen Aufwand und Qualität aufgetragen.

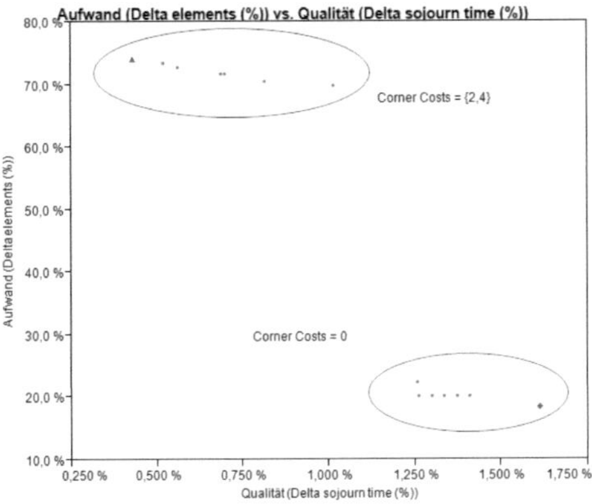

Abbildung 8.3.: BonE: Optimale Ergebnisse für Robustheit aus der Pareto-Menge

Wie sich erkennen lässt, teilen sich die Ergebnisse in zwei Gruppen. Die Gruppe im unteren, rechten Bereich des Graphen hat gute Ergebnisse für Aufwand, jedoch schlechte für Qualität. Diese Punkte haben alle eine Richtungswechselkosteneinstellung von null Kosteneinheiten gemein. In der oberen, linken Bildhälfte versammeln sich Ergebnisse für zwei oder vier Kosteneinheiten.

Unter den hier betrachteten Faktoreinstellungen ist kein Kompromiss zwischen den beiden Optimierungskriterien Aufwand und Qualität möglich. Aus diesem Grund werden hier zwei Einstellungen gewählt, die jeweils ein Kriterium neben der Robustheit optimiert. Die Faktoreinstellungen Lasersichtweite $LR = 50$, Laseridentifikationsweite $LIR = 32$ und Richtungswechselkosten $CC = 2$ (Ergebnis 26 aus Tabelle 8.2) hat die beste Qualität unter den optimalen Ergebnissen der Robustheit. Die Qualität dieser Einstellung liegt bei 0,483% und ist die zweitbeste Alternative der Qualität in Tabelle 8.2. Sie liegt nur 0,155 Prozentpunkte über dem Optimum. Es benötigt jedoch 73,95% mehr Elemente für den Pfadaufbau als die optimale Referenz.

Für die Optimierung von Robustheit und Aufwand sind die optimalen Faktoreinstellungen identisch mit der optimalen Einstellung des Aufwands (Ergebnis 6 in Tabelle 8.2). Ihre Einstellungen und Ergebnisse werden im nächsten Abschnitt vorgestellt.

Aufwand

Der Aufwand ist im Ergebnis 6 (Tabelle 8.2) am geringsten unter den untersuchten Faktorstufenkombinationen. Der Algorithmus benötigt hier nur 18,34% mehr Elemente für den Pfadaufbau (Zielgröße Δ Elements %). Die Qualitätsabweichung der Pfade steigt jedoch auf 1,612% an. Sie liegt damit überhalb des Stufen- und Gesamtmittelwerts und nahe des maximal registrierten Mittelwerts für die Stufe eines Faktors (vgl. Tabelle 8.1). Daraus folgt die optimale Faktorauswahl für den Aufwand mit den Einstellungen LR = 32, LIR = 2 und CC = 0.

Qualität

Das beste Ergebnis der Qualität erreichte die Faktorkombination LR = 2, LIR = 2 und CC = 4. Dieses Ergebnis resultiert aus den Effekten der Wechselwirkung zwischen Lasersichtweite und der Laseridentifikationsweite. Die Qualität ist bei dieser Einstellung mit 0,328% Abweichung von der Referenz am besten. Jedoch wird diese Qualität auf Kosten des Aufwands erreicht, der mit 343,39% den mit Abstand größten Wert hat. Die erzielte Robustheit ist unter den Pareto-dominanten Ergebnissen ebenfalls am schlechtesten und erreicht nur 92,31%.

Damit sind drei Faktorstufenkombinationen (siehe Tabelle 8.3) bestimmt, die für jeweils eines der drei Leistungsbereiche das beste Ergebnis erzielt haben.

	Optimierung	LaserRange	LaserIdentifyRange	CornerCosts
1.	Robustheit	50	32	2
2.	Aufwand[9]	32	2	0
3.	Qualität	2	2	4

Tabelle 8.3.: BonE: Beste Faktoreinstellungen für ein Optimierungskriterium

---

[9]Zugleich Alternative für optimale Robustheit.

8.1.3. Prüfung auf Erweiterbarkeit des Gültigkeitsbereichs

In diesem Kapitel soll überprüft werden, ob die getroffenen Aussagen bezüglich der besten Faktoreinstellungen der Bereiche Robustheit, Aufwand und Qualität auch auf beliebige Karten (siehe Kapitel 7.3.2) übertragbar sind.

Robustheit

Die optimalen Einstellungen aus der Menge Pareto-optimaler Faktorstufenkombinationen besitzen die Ergebnisse 6 und 26 der Tabelle 8.2. Das Ergebnis 6 ist gleichzeitig optimale Einstellung für den Aufwand. Die ausführliche Beschreibung ihrer Ergebnisse befindet sich im nächsten Abschnitt. Die Abbildungen 8.4 und 8.5 zeigen die Ergebnisse des Referenzkarten- bzw. des Zufallskartenexperiments für die Kombination $LR = 50$, $LIR = 32$ und $CC = 2$.

Der Vergleich beider Abbildungen zeigt, dass bei dieser Einstellung der Wert für die Robustheit von 100% auf 93,67% absinkt. Dies kann darauf hindeuten, dass die zufälligen Karten in der vorgegebenen Zeit schwerer zu lösen sind.

Der mittlere Aufwand für diese Einstellung ist mit 73,95% und 67,44% ähnlich. Das Konfidenzintervall des Mittelwerts KI=[52,4;95,5] der Referenzkarten schließt den Mittelwert der Referenzkarten ein. Auf Grund der großen Varianz ist das KI jedoch sehr breit. Die Ausreißerunabhängigen Lagemaße schließlich zeigen ein gänzlich anderes Bild. In 50% aller Fälle werden in den Referenzkarten 7,45% zusätzliche Elemente benötigt, in den Zufallskarten sind es schon 28,6%. 99,5% aller Ergebnisse liegen unterhalb von 862,1% respektive 480,4% Abweichung des Aufwandes. Die weniger extremen Abweichungen spiegeln sich im niedrigeren Mittelwert wieder.

Für die Qualität ist ein ähnliches Bild zu erkennen. Mittelwert, Median und 99,5%-Quantil steigen in den Ergebnissen der Zufallskarten deutlich an. Der Mittelwert der Qualität aus den Zufallskarten ist fast dreimal so groß (Referenzkarten 0,483%, Zufallskarten 1,311%). Der Median verdoppelt sich auf 0,6% und das 99,5%-Quantil vervierfacht sich nahezu auf 18,65% Abweichung vom Optimum.

Für das Optimierungskriterium Robustheit erzielt die gewählte Einstellung in den Zufallskarten ein schlechteres Ergebnis. Dies ist ein Effekt, der für alle Faktoreinstellungen und alle Ergebnisse in den Zufallskarten festgestellt werden kann, wie die nächsten Abschnitte zeigen werden. In Kapitel 8.1.3 ist zu sehen, dass die hier erzielten Ergebnisse von der zweiten Alternative für die Robustheit übertroffen werden. Der Gültigkeitsbereich der Ergebnisse dieser Einstellung auf die Zufallskarten kann nicht erweitert werden. Alle Zielgrößen zeigen deutliche Abweichungen. Eine allgemeine Aussage über die Güte der Faktoreinstellungen für die Robustheit lässt sich jedoch durch die Zufallskarten bestätigen.

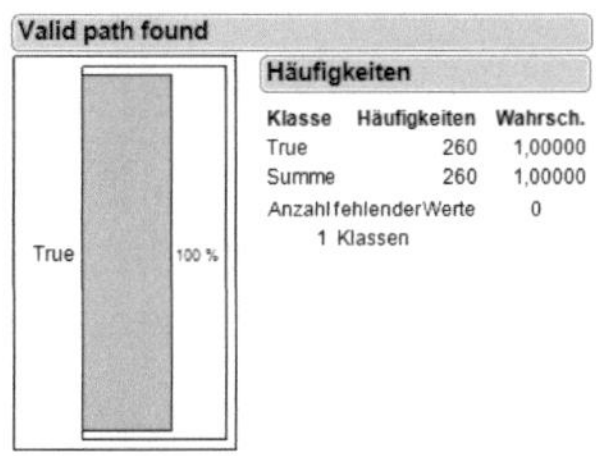

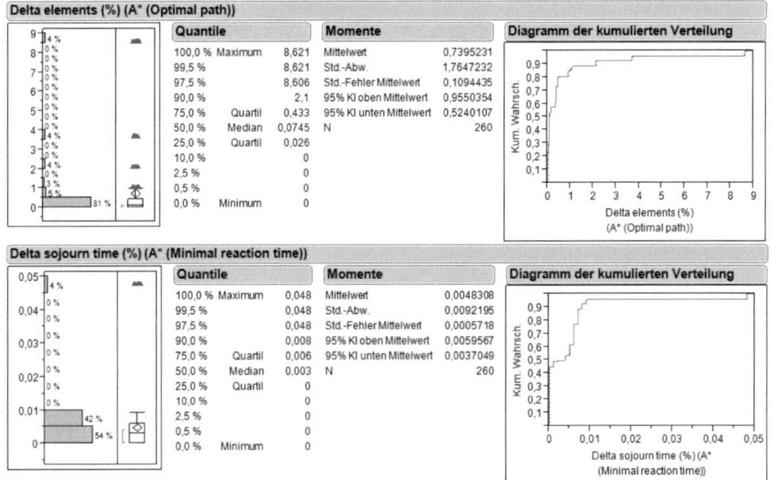

Abbildung 8.4.: BonE: Zielgrößenverteilungen für optimale Einstellung [LR: 50 — LIR: 32 — CC: 2] - Robustheit (Referenzkarten)

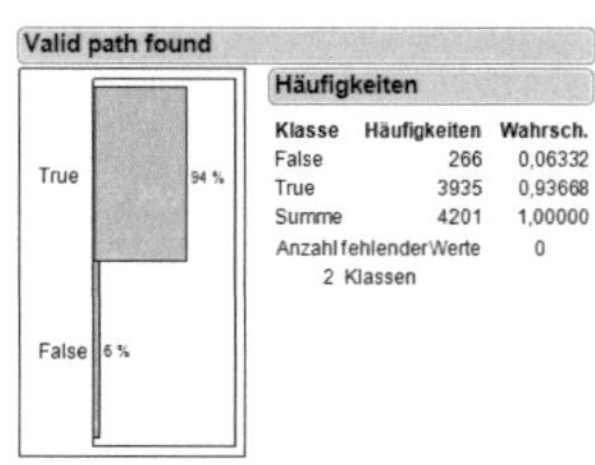

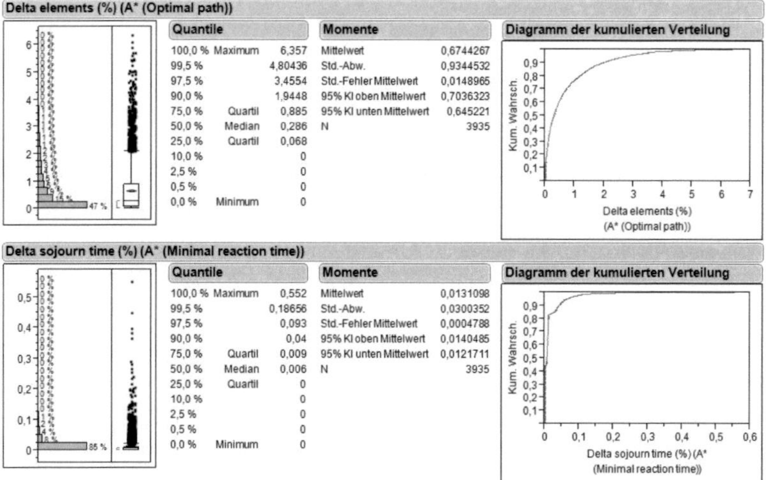

Abbildung 8.5.: BonE: Zielgrößenverteilungen für optimale Einstellung [LR: 50 — LIR: 32 — CC: 2] - Robustheit (Zufallskarten)

Aufwand

In Tabelle 8.2 ist die optimale Faktoreinstellung für den Aufwand mit $LR = 32$, $LIR = 2$ und $CC = 0$ angegeben. Die folgenden Abbildungen 8.6 und 8.7 zeigen die Verteilungen dieser Einstellungen für die Referenz- und Zufallskarten.

Die hier getroffenen Einstellungen haben mit 94,6% Robustheit das beste Ergebnis unter den drei untersuchten Einstellungen erzielt. Damit sinkt die Robustheit um 5,36% zu dem vorherigen Ergebnis (100%).

Die im Fokus liegende Zielgröße des Aufwands, Δ Elements %, erzielt auch weiterhin unter allen getesteten Einstellungen das beste Ergebnis. Der zusätzliche Elementeaufwand steigt jedoch im Mittel von 18,34% auf 30,05% deutlich an. 99,5% der Karten konnten mit maximal 244,03% zusätzlichen Elementen gelöst werden. Das ist eine Steigerung um 77,3 Prozentpunkte gegenüber den Referenzkarten.

Die Qualität leidet unter dem Fehlen von Richtungswechselkosten. Wie im Kapitel 8.1.1 schon gesehen werden konnte, sind Qualität und Aufwand gegensätzliche Ziele, zwischen denen kein Kompromiss unter den untersuchten Faktoreinstellungen möglich ist. Im Mittel weicht die getestete Einstellung um 3,43% vom optimalen Ergebnis ab. Das 99,5%-Quantil liegt bei den Zufallskarten bei 19,2% Abweichung von der optimalen Durchlaufzeit, gegenüber vormals 14,1% bei den Referenzkarten. Somit sinkt die Qualität um 5,1%.

Die Faktoreinstellungen für das Optimierungskriterium Aufwand zeigen, trotz schlechterer Ergebnisse bezüglich der Referenzkarten, die Güte der Einstellungen. Unter allen drei Faktoreinstellungen wird für den Aufwand das beste Ergebnis erzielt. Der Gültigkeitsbereich für die allgemeinen Aussagen über die Güte der Einstellung kann auf Zufallskarten erweitert werden.

Als Alternative zur Faktoreinstellung für Robustheit (vorheriger Kapitel) hat sie für dieses Kriterium das bessere Ergebnis erzielt (Unterschied = 0,975%). Im direkten Vergleich zwischen beiden Alternativen muss später entschieden werden welches Optimierungskriterium (Aufwand oder Qualität) wichtiger ist.[10]

---

[10]Kapitel 8.1.2 zeigt, dass kein Kompromiss zwischen Aufwand und Qualität möglich ist.

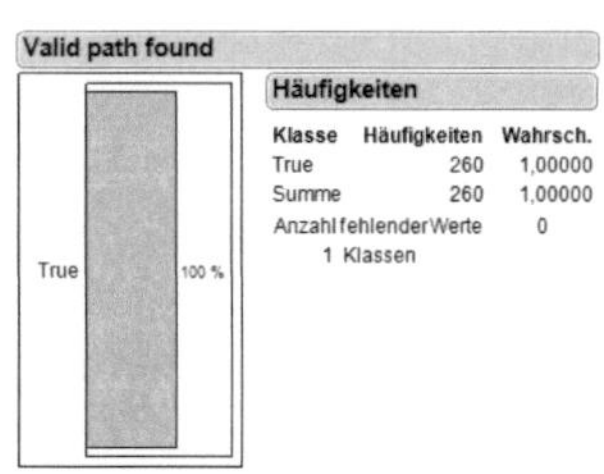

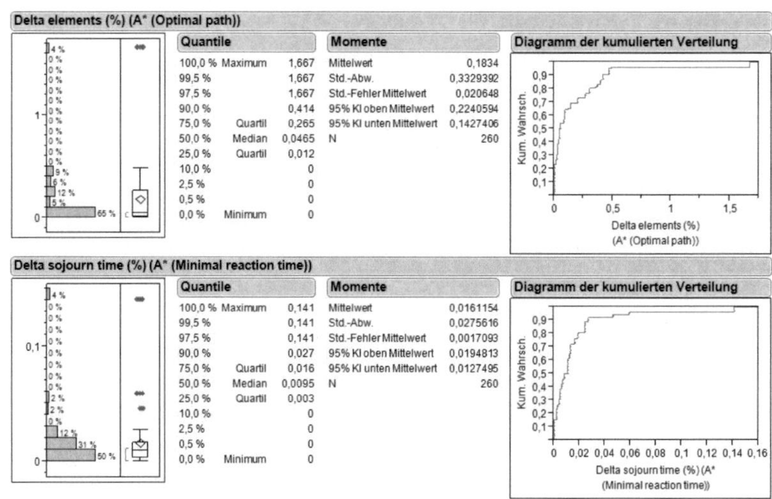

Abbildung 8.6.: BonE: Zielgrößenverteilungen für optimale Einstellung [LR: 32 — LIR: 2 — CC: 0] - Aufwand (Referenzkarten)

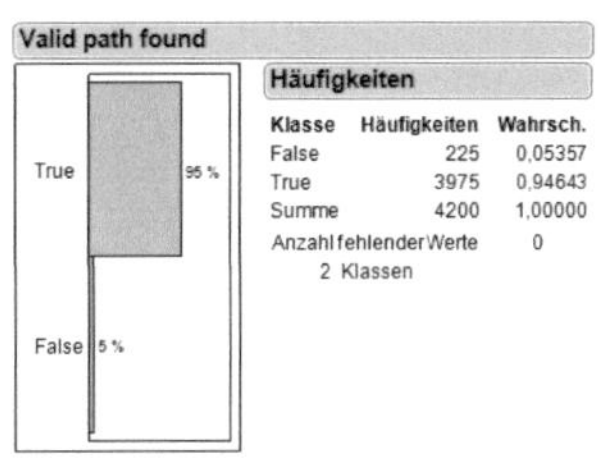

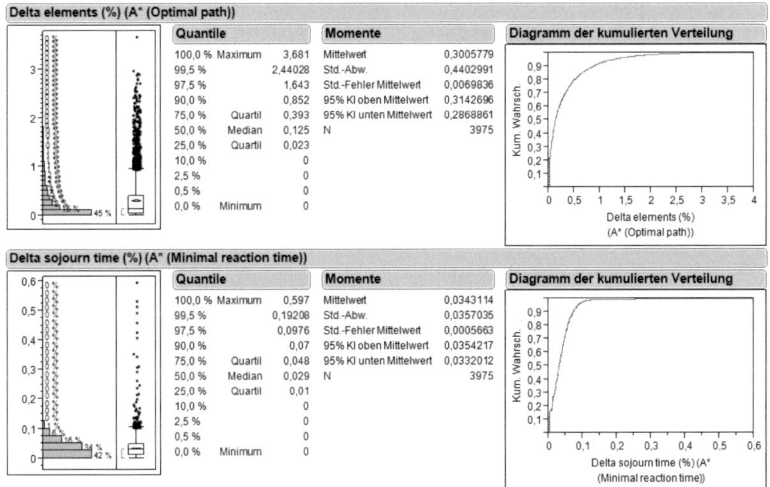

Abbildung 8.7.: BonE: Zielgrößenverteilungen für optimale Einstellung [LR: 32 — LIR: 2 — CC: 0] - Aufwand (Zufallskarten)

Qualität

Die Faktoreinstellungen für optimale Qualität aus der Pareto-Menge ist LR: 2, LIR: 2, CC: 4. Die Ergebnisse aus den Referenzkarten und den Zufallskarten sind in den Abbildungen 8.8 und 8.9 zu sehen.

Für die Zielgröße der Robustheit sinkt das Ergebnis von 92,3% auf 87% weiter ab. Die Akzeptanz einer solchen Robustheit in der Praxis ist fraglich.

Der Aufwand für diese Faktoreinstellung zeigt mit durchschnittlich 418,1% Abweichung den weitaus schlechtesten Wert für den zusätzlichen Elementebedarf. Sein Median verschlechtert sich von 257,7% auf 340,6%. In 99,5% der Ergebnisse kann der Zusatzbedarf auf bis zu 1.395% des optimalen Bedarfs steigen.

Die Qualität des Pfades sinkt wie für alle anderen Faktoreinstellungen ebenfalls. Es fallen insbesondere der Mittelwert und das 95%-Quantil auf. Im Durchschnitt haben die Stetigcluster des Algorithmus mit dieser Faktoreinstellung in den Zufallskarten 2,33% schlechtere Durchlaufzeiten im Vergleich zum optimalen Pfad. Dies ist eine Verachtfachung zu den Ergebnissen der Referenzkarten. Im Referenzkartenexperiment waren es nur 0,328%. In 99,5% aller Fälle weicht die Qualität um höchstens 22,3% (zu 3,9%) vom Optimum ab.

Der Test der Einstellungen in den Zufallskarten hat gezeigt, dass die Ergebnisse nicht auf sie erweiterbar sind. Alle Zielgrößen sind deutlich schlechter als in den Referenzkarten. Das Ergebnis des Optimierungskriteriums Qualität kann die schlechten Werte für Robustheit und Qualität nicht rechtfertigten.

Diese Faktorstufenkombination wird in allen Zielgrößen von den Einstellungen für die Robustheit dominiert (siehe Kapitel 8.1.3). Bei ihr ist die Qualität als zweites Kriterium für die Auswahl der Einstellung angelegt worden. Höhere Lasersichtweiten und Laseridentifikationsweiten der Einstellung führen zu besseren Ergebnissen und bestätigen damit die getroffenen Aussagen über den Einfluss und die Faktoreffekte. Die gewählten Einstellungen der Robustheit sind den Einstellungen der Qualität vorzuziehen.

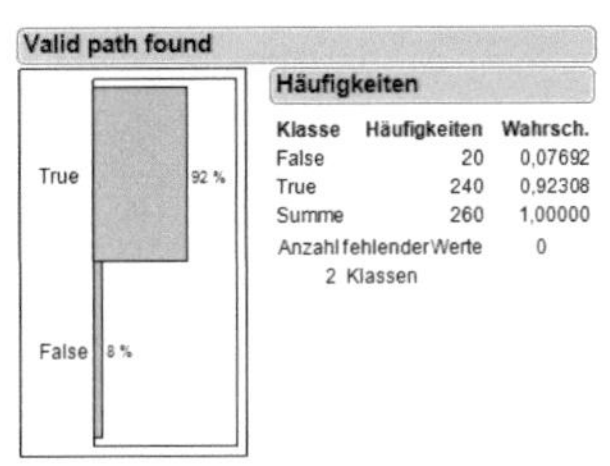

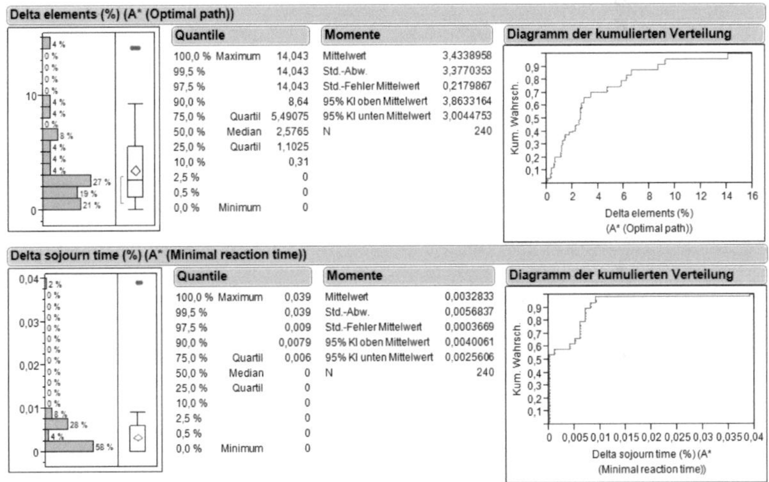

Abbildung 8.8.: BonE: Zielgrößenverteilungen für optimale Einstellung [LR: 2 — LIR: 2 — CC: 4] - Qualität (Referenzkarten)

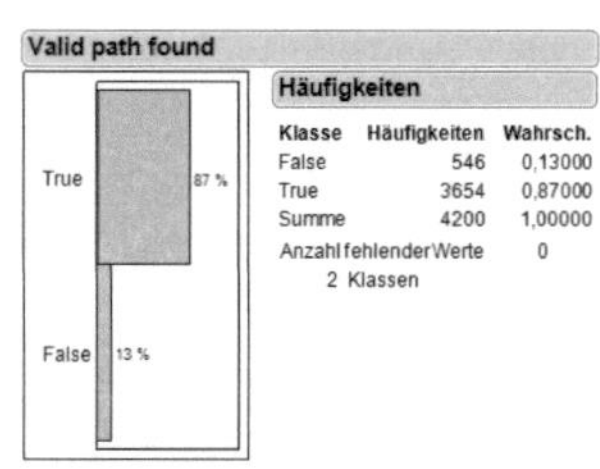
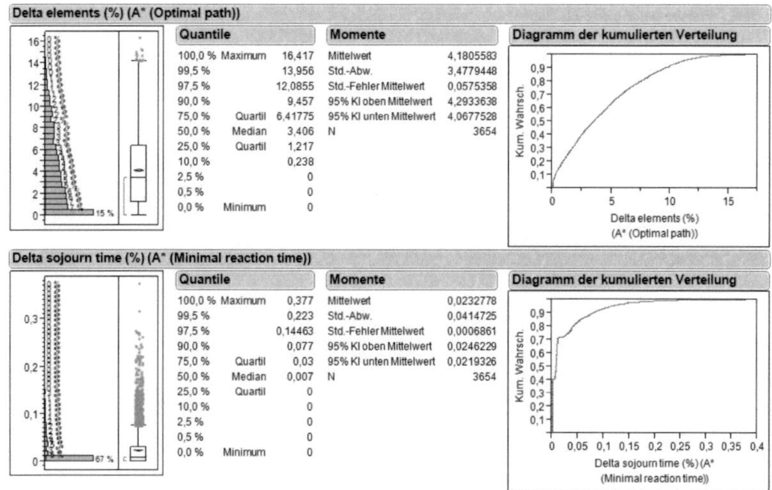

Abbildung 8.9.: BonE: Zielgrößenverteilungen für optimale Einstellung [LR: 2 — LIR: 2 — CC: 4] - Qualität (Zufallskarten)

8.1.4. Fazit

Das BonE Verfahren zeigt für die untersuchten Faktoreinstellungen, dass die Leistungsbereiche Aufwand und Qualität strikt gegenläufige Ziele sind, zwischen denen kein Kompromiss gefunden werden kann (vgl. Abbildung 8.3). Geringer Aufwand geht mit deutlich geringerer Qualität einher und hohe Qualität des Pfades mit deutlich höherem Aufwand. Die Robustheit kann unabhängig davon gute bis optimale Ergebnisse erreichen.

Im Verlauf des Bewertungsverfahrens konnte gezeigt werden, dass der Algorithmus für ausgewählte Faktoreinstellungen 100% Robustheit erzielen kann (siehe Kapitel 8.1.2). Im besten Fall hat BonE einen zusätzlichen Aufwand an EE von 18,34% gegenüber der optimalen Lösung. Die Abweichung der Qualität liegt bei 0,27% vom Optimum.

Damit kann der Algorithmus hinsichtlich der einzelnen Betrachtungsbereiche sehr gute bzw. optimale Ergebnisse für Qualität bzw. Robustheit und gute Ergebnisse für den Aufwand erzielen.

In den Zufallskarten erzielen alle getesteten Einstellungen der Faktoren schlechtere Ergebnisse als in den Referenzkarten. Die Zufallskarten sind offenbar "schwerer" als die Referenzkarten. Die Aussagen können hinsichtlich ihrer Ergebniswerte der Zielgrößen also nicht bestätigt werden. Eine allgemeine Aussage über die Güte der Faktoreinstellungen lässt sich jedoch bei den Einstellungen für Robustheit und Aufwand durch die Zufallskarten bestätigen.

Robustheit

Die Robustheit des Algorithmus liegt für viele Faktoreinstellungen im optimalen und optimalitätsnahen Bereich, wie die Bestimmung der Pareto-Grenze zeigt. Hiervon haben insgesamt 18 Faktoreinstellungen 100% Robustheit (siehe Tabelle 8.2). Ein Sinken der Robustheit unter 100% ist auf das Iterationslimit zurückzuführen. BonE findet also in ausreichender Zeit immer eine Lösung, sollte ein solche existieren, womit das Ergebnis aus Kapitel 6.1.4 sich auch in der Simulation wiederspiegelt.

Effekte Generell lässt sich aussagen, dass mit steigender Lasersichtweite eine höhere Robustheit erzielt wird und dass die Laseridentifikationsweite keinen Einfluss auf das Ergebnis hat. Für steigende Richtungswechselkosten zeigt die Robustheit ein zunehmend schwankendes Verhalten mit der Tendenz zu sinkender Robustheit.

Den mit Abstand größten Einfluss auf das Ergebnis hat die Lasersichtweite. Dieser Einfluss beschränkt sich jedoch fast ausschließlich auf eine Lasersichtweite unter 35,7% (20 Felder) der maximalen Lasersichtweite. Danach können keine nennenswerten Verbesserungen der Robustheit durch die Erhöhung der Lasersichtweite erzielt werden. Ab dieser Lasersichtweite werden die Effekte des zweitwichtigsten Faktors, Richtungswechselkosten, sichtbar.

Beste Faktoreinstellungen Als beste Faktoreinstellungen dieses Bereichs (mit 100% Robustheit) sind die Einstellungen [LR: 50 — LIR: 32 — CC: 2] sowie [LR: 32 — LIR: 2 — CC: 0] gewählt worden. Ihre Simulationsergebnisse der Referenzkarten sind [Robustheit: 100% — Aufwand: 73,95% — Qualität: 0,483%] bzw. [Robustheit: 100% — Aufwand: 18,34% — Qualität: 1,611%], wie in Tabelle 8.2 zu sehen ist. Das erste Ergebnis zeichnet sich durch gute Qualität aus, während das zweite gleichzeitig das beste Ergebnis des Aufwands repräsentiert.

Gültigkeitsbereich Die Ergebnisse des Experiments mit Zufallskarten mit diesen Faktoreinstellungen zeigen, dass sich alle Leistungsbereiche verschlechtert haben. Die getroffenen Aussagen zu den Leistungsbereichen können also nicht direkt auf beliebige Karten (Zufallskarten) übertragen werden. Unter den beiden gewählten Einstellungen erzielt die zweite Variante eine höhere Robustheit (93,4% zu 94,6%).

Aufwand

Für den Aufwand kann der Algorithmus BonE gute Ergebnisse gegenüber der Referenz erzielen. Im besten Fall werden nur etwa 20% zusätzliche EE für den Pfadaufbau verwendet (18,34%, vgl. Tabelle 8.2). Ergebnisse in dieser Größenordnung sind ausschließlich bei einer Einstellung von null Kosteneinheiten für Richtungswechsel zu erreichen.

Bei höheren Kosten wird ein sprunghafter Anstieg des Aufwands auf ca. 70% registriert.

Effekte Wie in Abbildung 8.1 zu erkennen ist, sinkt der Aufwand mit steigender Lasersichtweite. Weiterhin lässt sich für die Laseridentifikationsweite kein Einfluss auf die Zielgröße Δ Elements % feststellen.[11] Mit steigenden Richtungswechselkosten steigt auch der Aufwand des Algorithmus an.

Die Lasersichtweite hat den größten Effekt auf das Ergebnis. Wie bei der Robustheit nimmt auch hier der Nutzen größerer Lasersichtweiten nach etwa 35,7% der maximalen Sichtweite stark ab. Der Faktor Richtungswechselkosten hat einen wichtigen Einfluss auf das Ergebnis des Aufwands ab dieser Lasersichtweite. Dabei steigt ihre Funktion sprunghaft zwischen null und zwei Kosteneinheiten an.

Beste Faktoreinstellungen Der geringste Aufwand wurde mit den Faktoreinstellungen [LR: 32 — LIR: 2 — CC: 0] erreicht. Die Ergebnisse sind [Robustheit: 100% — Aufwand: 18,34% — Qualität: 1,611%] mit optimaler Robustheit, aber schlechter Qualität.

Gültigkeitsbereich Im Zufallskartenexperiment konnte diese Einstellung ebenfalls das beste Ergebnis hinsichtlich der Leistungsbereiche erzielen. Diese Faktoreinstellung ist geeignet für gute Robustheit und Aufwand, wenn auch die Ergebnisse insgesamt unter denen des Referenzkartenexperiments liegen.

Qualität

Im Betrachtungsbereich Qualität hat der Algorithmus insgesamt moderate Abweichungen von der Referenz gezeigt. Die besten Faktoreinstellungen können eine durchschnittliche Abweichung von nur 0,328% erzielen (vgl. Tabelle 8.2).

---

[11] Der vermeindliche Effekt bei niedrigen Laseridentifikationsweiten ist der Effekt der Lasersichtweite.

Effekte Die Lasersichtweite lässt keinen Trend der Zielgröße erkennen, wie Abbildung 8.1 zeigt. Der beste Mittelwert liegt bei 3,6% der maximalen Sichtweite entgegen der Annahme, dass größere Lasersichtweiten mehr Rauminformationen liefern und damit zu besseren Pfaden beitragen. Für den Faktor Richtungswechselkosten hat die Abweichung der Qualität ein eindeutiges Minimum bei 4 Kosteneinheiten.
Richtungswechselkosten haben den größten Effekt auf die Qualität des Pfades. Die genaue Einstellung der Faktoren hat entscheidenden Einfluss auf die Zielgröße. Der Einfluss der Lasersichtweite liegt an zweiter Stelle der Effektgrößen. Den kleinsten Effekt hat der Faktor Laseridentifikationsweite. Verbesserungen in der Qualität lassen sich insbesondere bei kleinen Laseridentifikationsweiten unter 25% registrieren.

Beste Faktoreinstellungen Als beste Faktoreinstellung der Qualität wurde die Einstellung [LR:2 — LIR:2 — CC:4] identifiziert. Entgegen der Annahmen über die Effekte der Lasersichtweite und Laseridentifikationsweite erzielte sie die beste Qualität mit [Robustheit: 92,3% — Aufwand: 343,39% — Qualität: 0,328%] (vgl. Tabelle 8.2).

Gültigkeitsbereich Die Experimente mit den Zufallskarten zeigten, dass die Ergebnisse nicht auf beliebige Karten (Zufallskarten) übertragbar sind. Insbesondere dominiert das Ergebnis der Robustheit (Kapitel 8.1.3) das Ergebnis der Qualität (Kapitel 8.1.3) im Zufallskartenexperiment in allen Zielgrößen. Die guten Ergebnisse der hier gewählten Einstellungen in den Referenzkarten resultieren aus den Wechselwirkungen der Faktoren Lasersichtweite und Laseridentifikationsweite.Die negativen Effekte von niedrigen Lasersichtweiten bzw. Laseridentifikationsweiten zeigen in den Zufallskarten, deren Hindernisse weniger strukturiert sind, einen stärkeren Einfluss.

8.2. dRandom

Basierend auf dem beschriebenen Bewertungsverfahren (Kapitel 7.4) wurde die Leistungsfähigkeit von dRandom wie folgt ermittelt.

8.2.1. Bestimmung der Leistungsbereiche

Im ersten Schritt werden die Ergebnisse der Referenzkarten bewertet (Abbildung 7.7: 1. Leistungsbereiche des Algorithmus). Abbildung 8.10 trägt die drei Hauptzielgrößen für die untersuchten Faktoren Lasersichtweite, Laseridentifikationsweite und Richtungswechselkosten auf. Die Mittelwerte der Faktorstufen sind in Tabelle 8.4 zu finden.

Im Folgenden werden die drei Leistungbereiche Robustheit, Aufwand und Qualität mit den Hauptzielgrößen *ValidPathFound*, $\Delta Elements\%$ beziehungsweise $\Delta SojournTime\%$ untersucht.

Robustheit

Wie in Abbildung 8.10 (links) ersichtlich, ergibt sich für alle Steuergrößen, also Lasersichtweite (linke Spalte), Laseridentifikationsweite (mittlere Spalte) und Richtungswechselkosten (rechte Spalte) ein maximaler Effekt von 0% auf die Zielgröße Robustheit. Das bedeutet also, dass, unabhängig von den gewählten Werten der Steuergrößen, die Wahrscheinlichkeit, einen gültigen Pfad zu finden, immer gleich groß ist, nämlich 100% (siehe Gesamtmittelwert in der dritten Spalte in Tabelle 8.4).

Aufwand

Wie aus Abbildung 8.10 sowie Tabelle 8.4 ersichtlich, hat die Steuergröße Lasersichtweite mit einem maximalen Effekt von 55,13% (2 Felder) - 42,69% (32 Felder) = 12,44% den größten Einfluss auf den Aufwand. Ihr folgen mit 45,49% (Kosten von 8) - 42,29% (Kosten von 2) = 3,20% die Richtungswechselkosten und mit 45,84% (2 Felder) - 43,04% (26 oder 56 Felder) = 2,80% die Laseridentifikationsweite.

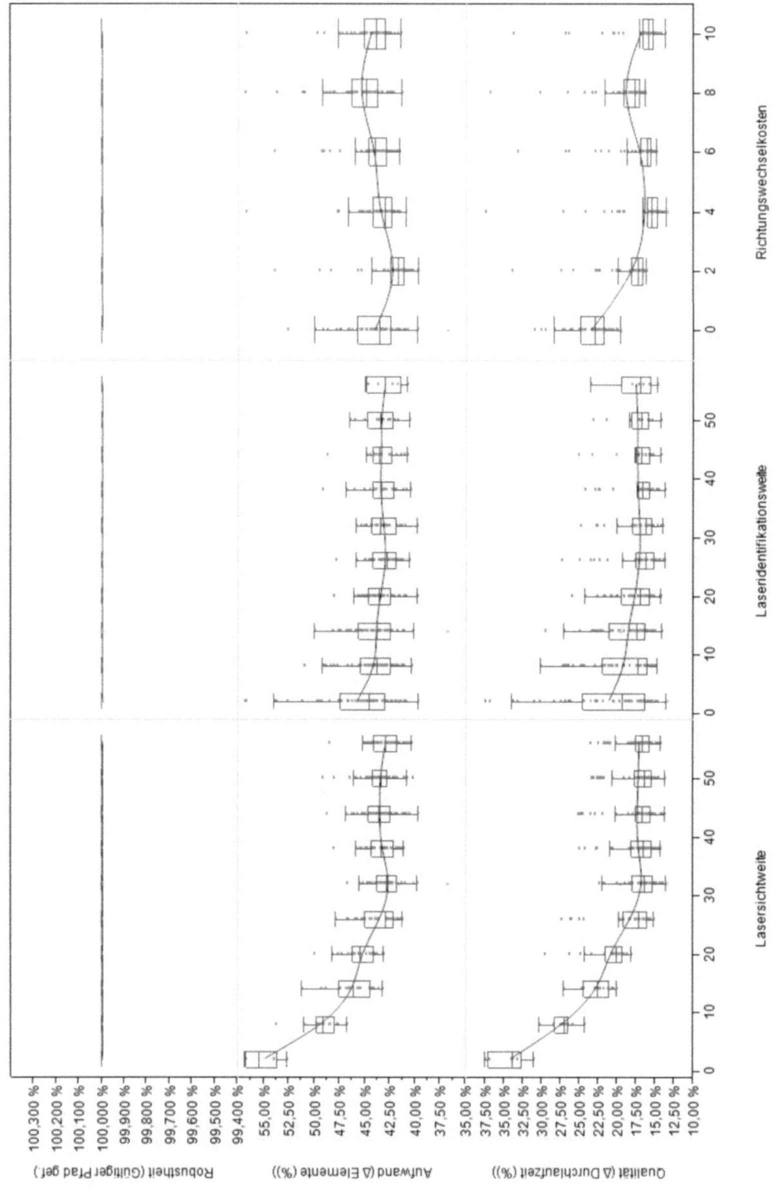

Abbildung 8.10.: dRandom: Hauptzielgrößen

Faktoren	Versuchsumfang	⌀ ValidPathFound	⌀ ΔElements	⌀ ΔSojournTime
LaserRange				
2	624	100,00%	55,13%	34,36%
8	1248	100,00%	49,20%	27,26%
14	1872	100,00%	46,33%	22,80%
20	2496	100,00%	45,37%	21,01%
26	3120	100,00%	43,57%	18,36%
32	3744	100,00%	42,69%	16,86%
38	4368	100,00%	43,37%	17,32%
44	4992	100,00%	43,56%	17,42%
50	5616	100,00%	43,52%	17,31%
56	6240	100,00%	42,98%	17,19%
LaserIdentifyRange				
2	6240	100,00%	45,84%	21,18%
8	5616	100,00%	44,22%	19,30%
14	4992	100,00%	43,96%	18,65%
20	4368	100,00%	43,53%	17,78%
26	3744	100,00%	43,04%	17,20%
32	3120	100,00%	43,23%	17,15%
38	2496	100,00%	43,54%	17,38%
44	1872	100,00%	43,44%	17,44%
50	1248	100,00%	43,48%	17,46%
56	624	100,00%	43,04%	17,69%
CornerCosts				
0	5720	100,00%	44,13%	23,58%
2	5720	100,00%	42,29%	18,22%
4	5720	100,00%	43,58%	16,57%
6	5720	100,00%	44,21%	17,19%
8	5720	100,00%	45,49%	19,00%
10	5720	100,00%	44,47%	17,00%
Gesamtmittelwert	34.320	100,00%	44,03%	18,59%

Tabelle 8.4.: dRandom: Mittelwerte der Zielgrößen für die Faktorstufen

Die Lasersichtweite beeinflusst die Zielgröße im unteren Einstellungsbereich (2-26 Felder) am stärksten. Dies liegt darin, dass bei diesen
Einstellungen zum Teil erst sehr spät erkannt wird, dass z.B. in eine
Sackgasse gebaut wurde und dadurch ein Rückbau der Förderstrecke
auch erst sehr viel später eintreten kann, wodurch viele zusätzliche Einzelelemente angefordert werden müssen. Oberhalb davon (32-56 Felder)
variiert die Lasersichweite in einem schmalen Band unter dem mittleren
Ergebnis von 44,03% (vgl. Tabelle 8.4- Zeile Gesamtmittelwert), wobei
ein Minimum des Aufwands von 42,69% bei einer Lasersichtweite von
32 Feldern besteht. Dies liegt daran, dass ab dieser Lasersichtweite eine
Sättigung des Informationsgewinns aufgrund der Struktur der Karten
(Größe und Anordnung der Freiräume und Hindernisse) entsteht, d.h.
es können trotz höherer Lasersichtweite keine besseren Pfade mit weniger Einzelelementen mehr geplant werden.

Der darauf folgende, leichte Anstieg der Aufwandskurve kann dadurch
erklärt werden, dass mit zunehmender Lasersichtweite auch die Anzahl

der Versuchsdurchläufe steigt (siehe Tabelle 8.4). Dies hat zur Folge, dass - aufgrund des zufallsbehafteten Charakters des Verfahrens - die Wahrscheinlichkeit, viele "schlechte" Entscheidungen vor Hindernissen zu treffen, zunimmt. Wie in der Grafik durch die vielen Ausreißer und Stichprobenpunkte oberhalb der Boxen ersichtlich ist, ist genau dies eingetreten, was den Verlauf der Kurve im oberen Einstellungsbereich erklärt.

Den geringsten Einfluss auf die Zielgröße hat die Laseridentifikationsweite. Dies ist darin begründet, dass für dRandom die Unterscheidung zwischen Hindernissen und Einzelelementen unerheblich ist, d.h. die Erkenntnis, dass ein Hindernis ein Einzelelement ist, spielt bei der Pfadplanung und der damit einhergehenden Anzahl an zusätzlichen Einzelelementen keine Rolle. Die Kurve zeigt somit einen ähnlichen, wenn auch stark gestauchten Verlauf wie bei der Lasersichtweite, wobei bei Laseridentifikationsweiten von 26 und 56 Feldern jeweils ein Optimum von 43,04% besteht. Darüber hinaus entstehen die Unregelmäßigkeiten in den höheren Einstellungsbereichen der Laseridentifikationsweite (32-56 Felder) durch die stark verringerte Versuchsanzahl (vgl. Tabelle 8.4), wodurch die vielen Ausreißer und Punkte oberhalb der Boxen stärker ins Gewicht fallen und den Kurvenverlauf nach oben verlagern.

Beim Start des Verfahrens und bei der lokalen Neuplanung eines Pfades, also bei der Erkennung von Hindernissen spielen die Richtungswechselkosten eine große Rolle. Die Kurve zeigt dabei einen zunächst sinkenden Verlauf bis zum Optimum von 42,49% bei Kosten von 2, da in diesem Bereich die maßgebliche Steuergröße für den Aufwand ausschließlich die Lasersichtweite ist. Oberhalb davon ist ein ansteigender Trend erkennbar, was sich dadurch erklärt, dass für die Vermeidung von Richtungswechseln auf den lokalen Pfaden eine höhere Anzahl an Einzelelementen generell in Kauf genommen wird. Das anschließende Absinken der Kurve bei Kosten von 10 lässt sich dabei als Grenzfall in Bezug auf die Struktur der Karten darstellen, d.h. es existieren Karten, auf denen sich A^* ab Kosten von 10 schneller entscheidet, einen Weg mit weniger Richtungswechseln einzuschlagen, als bei Kosten von 8. Somit werden im Endeffekt weniger Einzelelemente benötigt.

Qualität

Die Auswertung der Abbildung 8.10 sowie der Mittelwerte aus Tabelle 8.4 zeigt, dass die Lasersichtweite mit 34,36% (2 Felder) - 16,86% (32 Felder) = 17,50% wiederum den maximalen Effekt auf diese Zielgröße hat. An zweiter Stelle stehen die Richtungswechselkosten mit 23,58% (Kosten von 0) - 16,57% (Kosten von 4) = 7,01% und an dritter Stelle die Laseridentifikationsweite mit 21,18% (2 Felder) - 17,15% (32 Felder) = 4,03%.

Die Ergebnisse zeigen einen positiven Zusammenhang zwischen zunehmender Lasersichtweite und Qualität der Lösung. So existiert ein Optimum der Durchlaufzeit von 42,69% bei einer Lasersichtweite von 32 Feldern. Dies lässt sich dadurch erklären, dass die Förderstrecke mit steigender Lasersicht länger auf dem global optimalen Pfad aufgebaut wird, bevor z.B. aufgrund blockierender Hindernisse ein neuer, lokaler Pfad mit ggf. vielen Ecken bzw. Richtungswechseln (und dadurch ansteigender Durchlaufzeit) geplant werden muss. Im oberen Einstellungsbereich der Lasersichtweite tritt wie beim Aufwand eine Sättigung bezüglich des Informationsgewinns ein, weshalb der Wert der Qualität in dieser Region stagniert.

Auf die Qualität hat die Laseridentifikationsweite nur einen sehr geringen Einfluss, wobei der Verlauf der Kurve wiederum stark an den der Lasersichtweite gekoppelt ist (vgl. Aufwand, Kapitel 8.2.1). Ein Minimum der Durchlaufzeit von 17,15% besteht dabei bei einer Laseridentifikationsweite von 32 Feldern.

Die Ergebnisse für die Richtungswechselkosten sind uneinheitlich: bei einem Wert von 0 ist wie beim Aufwand die Lasersichtweite die ausschlaggebende Größe, weshalb die Durchlaufzeit dort mit 23,58% einen Maximalwert hat. Anschließend verläuft die Kurve monoton fallend, d.h. die Qualität der Pfade bzw. der Förderstrecke verbessert sich bis zu einem Optimum von 16,57% bei Kosten von 4. Anschließend nimmt der Wert der Durchlaufzeit wieder zu, was bedeutet, dass sich die Erhöhung der Kosten bis zum Wert 8 ausschließlich kontraproduktiv auf die Qualität der Förderstrecke auswirkt, da sich die Pfade im Mittel nicht mehr von denen mit der Standardvariante des A^* geplanten Pfaden unterscheiden.

Dieser Effekt lässt sich folgendermaßen begründen: in manchen Szenarien (abhängig von der Struktur der Karte, d.h. der Größe ihrer Korridore und Räume) kann die Erhöhung der Richtungswechselkosten zu einer Erhöhung der Durchlaufzeit führen, da A^* absichtlich einen Richtungswechsel vermeidet, auch wenn dieser bzgl. der Durchlaufzeit günstiger wäre, als der richtungswechselfreie Pfad mit höherer Durchlaufzeit. Sowohl bei Kosten von 6 als auch bei 10 lässt sich dieses Verhalten erkennen (vgl. Abbildung 8.10), da bei beiden Werten jeweils ein Grenzfall bzgl. der Struktur der Karten besteht, d.h. bei ersterem werden öfter Richtungswechsel vermieden, obwohl diese sinnvoller wären und bei letzterem werden sehr teure Richtungswechsel vorgenommen, obwohl ein richtungswechselfreier Pfad günstiger wäre.

8.2.2. Bestimmung der besten Faktoreinstellungen für die Bereiche Robustheit, Aufwand und Qualität

Nachdem im vorhergehenden Kapitel die Einflussart und -größe auf die Zielgrößen beschrieben wurden, werden entsprechend der Vorgehensweise aus Kapitel 7.4.2 die besten Faktoreinstellungen der drei Leistungsbereiche bestimmt.

Abbildung 8.11 zeigt die Ergebnisse der Referenzkarten. Graue Punkte sind Pareto-dominante Ergebnisse unter den analysierten Einstellungen. Insgesamt existieren 4 Pareto-dominante Ergebnisse, die die Pareto-Grenze von dRandom bilden. Die Pareto-optimalen Faktoreinstellungen sind in Tabelle 8.5 grau markiert.

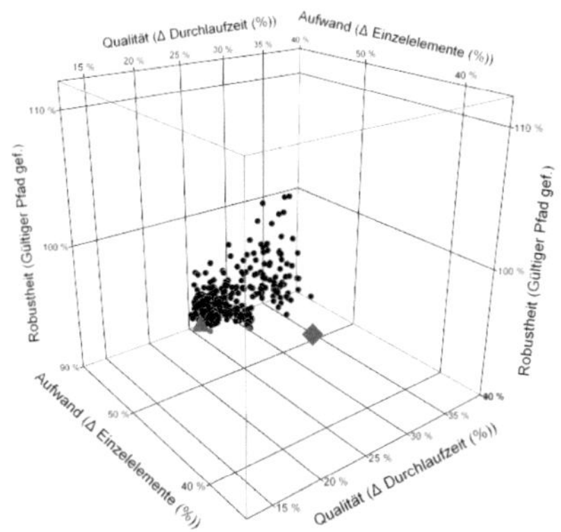

Abbildung 8.11.: dRandom: 3D-Streudiagramm der Ergebnisse

Im Streudiagramm (8.11), sind die besten Ergebnisse bezüglich eines Kriteriums aus der Pareto-Menge mit großen Symbolen[12] hervorgehoben. Sie sind für das jeweilige Kriterium die unikriteriell beste Entscheidung für die Faktorstufenauswahl, wobei anzumerken ist, dass für die Robustheit mehrere gleichwertige Ergebnisse existieren.

Robustheit

Für Robustheit kommen die vier Einstellungen 93, 103, 170 und 195 in Frage, die unabhängig von den anderen Bereichen, gleich gut sind. Werden Qualität und Aufwand als weitere Kriterien zur Optimierung mit einbezogen, entfallen die Faktoreinstellungen 170 und 195. Bei Wahl der Einstellung 103 wird der Aufwand mit einem Wert von 36,75% minimiert. Die Qualität ist dabei bei 19,52%, was 0,93% über dem durchschnittlichen Gesamtwert von 18,59% liegt (vgl. Tabelle 8.4). Mit der Einstellung [LR: 32 — LIR: 14 — CC: 0] werden also Robustheit und Aufwand gleichzeitig optimiert.

---

[12]Robustheit ▲, Aufwand ♦ und Qualität •

Nr.	Laser Range	LaserIdentify Range	Corner Costs	Robustheit (ValidPathFound)	Aufwand (ΔEelements)	Qualität (ΔSojournTime)
91	32	2	0	100,00%	42,88%	21,84%
92	32	2	2	100,00%	41,79%	18,02%
93	32	2	4	100,00%	41,75%	13,50%
94	32	2	6	100,00%	43,29%	15,66%
95	32	2	8	100,00%	46,76%	18,95%
⋮	⋮	⋮	⋮	⋮	⋮	⋮
101	32	8	8	100,00%	44,66%	16,49%
102	32	8	10	100,00%	43,78%	16,27%
103	32	14	0	100,00%	36,75%	19,52%
104	32	14	2	100,00%	40,13%	16,52%
105	32	14	4	100,00%	41,81%	14,15%
⋮	⋮	⋮	⋮	⋮	⋮	⋮
168	38	38	10	100,00%	44,05%	15,61%
169	44	2	0	100,00%	46,35%	24,61%
170	44	2	2	100,00%	39,70%	16,26%
171	44	2	4	100,00%	43,01%	15,62%
172	44	2	6	100,00%	44,18%	17,09%
⋮	⋮	⋮	⋮	⋮	⋮	⋮
193	44	26	0	100,00%	44,54%	23,54%
194	44	26	2	100,00%	40,51%	16,93%
195	44	26	4	100,00%	40,88%	13,63%
196	44	26	6	100,00%	44,65%	15,42%
197	44	26	8	100,00%	45,06%	17,52%
⋮	⋮	⋮	⋮	⋮	⋮	⋮

Tabelle 8.5.: dRandom: Pareto-optimale Faktoreinstellungen

Aufwand und Qualität

Bei Einstellung 93 hingegen wird die Qualität mit 13,50% optimiert und der Wert des Aufwands ist 41,75%, was 2,28% unter dem durchschnittlichen Ergebnis von 44,03% liegt (vgl. wiederum Tabelle 8.4). Mit der Einstellung [LR: 32 — LIR: 2 — CC: 4] werden also Robustheit und Qualität gleichzeitig optimiert. Somit ergeben sich die in Tabelle 8.6 zusammengefassten, besten Faktoreinstellungen für die genannten Optimierungskriterien.

Optimierung		LaserRange	LaserIdentifyRange	CornerCosts
Robustheit $\{$	Aufwand	32	14	0
	Qualität	32	2	4

Tabelle 8.6.: dRandom: Beste Faktoreinstellungen für ein Optimierungskriterium

8.2.3. Prüfung auf Erweiterbarkeit des Gültigkeitsbereichs

In den folgenden Kapitel soll überprüft werden, ob die ermittelten besten Faktoreinstellungen der Bereiche Robustheit, Aufwand und Qualität auch auf beliebige Karten (siehe Kapitel 7.3.2) übertragbar sind.

Robustheit und Aufwand

Für die gemeinsam betrachteten Bereiche Robustheit und Aufwand ist die optimale Faktorkombination [LR: 32 — LIR: 14 — CC: 0]. In den Abbildungen 8.12 und 8.13 sind die Ergebnisse der Experimente Referenzkarten und Zufallskarten für diese Bereiche dargestellt.

Für die Zufallskarten hat die Robustheit einen konstanten Wert von 100% hat, d.h. dass dRandom in der vorgegebenen Zeit (Faktorstufe 2 des Iterationslimits) die zufälligen Karten gleichermaßen gut lösen kann wie die Referenzkarten.

Der Aufwand von 36,70% bei den Referenzkarten und 41,29% bei den Zufallskarten unterscheidet sich mit 4,59% und zeigt somit ein ähnliches Bild. Das Konfidenzintervall des Mittelwerts KI = [28,6%; 44,8%] beim Erstgenannten schließt den Mittelwert des Letztgenannten ein. In Bezug auf die Ausreißer-unabhängigen Lagemaße ergibt sich in 50% aller Fälle in den Referenzkarten ein Wert von 19,3% zusätzlicher Einzelelemente und bei den Zufallskarten ein Wert von 23,8% - somit stellt sich eine Differenz von 4,5% ein. 99,5% aller Ergebnisse liegen unterhalb von 176,7% (Referenzkarten) bzw. 228,59% (Zufallskarten) Abweichung vom Optimum des Aufwands.

Ähnlich verhalten sich auch die Ergebnisse für die Qualität. Mittelwert und Median nehmen bei den Zufallskarten leicht zu. So steigt der Mittelwert um 3,0% von 19,5% bei den Referenzkarten auf 22,5% bei den Zufallskarten an; der Median steigt von 9,9% auf 16,0%. Das 99,5%-Quantil hingegen nimmt um 3,9% ab (Referenzkarten 121,8%, Zufallskarten 117,9%).

Für das Optimierungskriterium Robustheit erzielt die gewählte Einstellung in den Zufallskarten dasselbe Ergebnis. Dieser Effekt lässt sich für alle Faktoreinstellungen und alle Ergebnisse in den Zufallskarten feststellen. Somit lässt sich die Aussage über die Güte von dRandom bezüglich der Zielgröße Robustheit auch auf die Zufallskarten übertragen.

Mittelwert und Median zeigen für das Optimierungskriterium Aufwand nur geringfügig schlechtere Werte - so liegen die Abweichungen unter 6,10%. Hinsichtlich des 99,5%-Quantils ergeben sich jedoch weitaus größere Unterschiede, und zwar eine Verschlechterung von 51,8% beim Aufwand und eine Verbesserung von 3,90% bei der Qualität. Ob dies in der Praxis einen akzeptablen Kompromiss darstellt, ist fragwürdig. Somit lässt sich eine allgemeine Aussage über die Güte von dRandom bezüglich der Zielgröße Aufwand nur bedingt auch auf Zufallskarten übertragen.

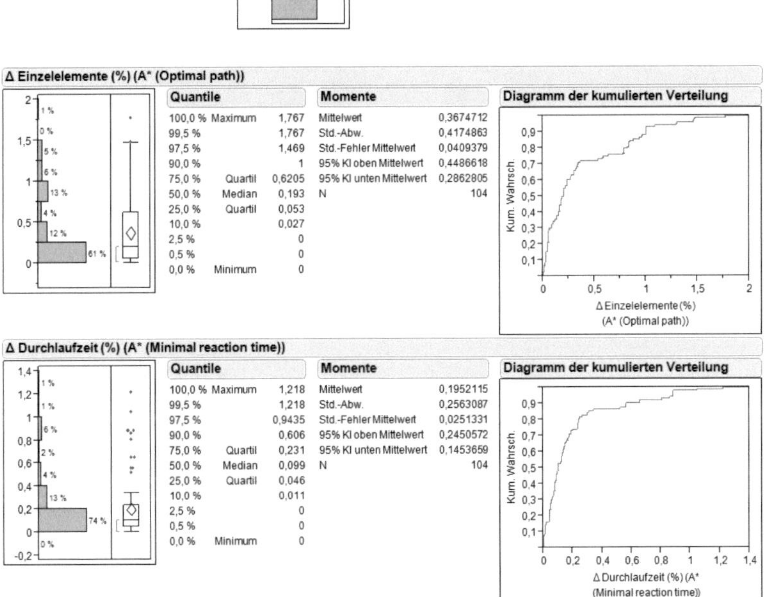

Abbildung 8.12.: dRandom: Zielgrößenverteilungen für die Einstellung [LR: 32 — LIR: 14 — CC: 0] - Robustheit und Aufwand (Referenzkarten)

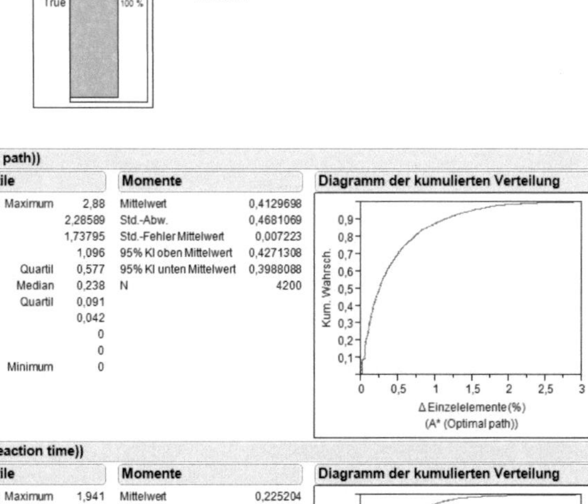

Abbildung 8.13.: dRandom: Zielgrößenverteilungen für optimale Einstellung [LR: 32 — LIR: 14 — CC: 0] - Robustheit und Aufwand (Zufallskarten)

Robustheit und Qualität

Für die gemeinsam betrachteten Bereiche Robustheit und Qualität ergibt sich die optimale Faktorkombination [LR: 32 — LIR: 2 — CC: 4]. In den Abbildungen 8.14 und 8.15 sind die Ergebnisse der Experimente Referenzkarten und Zufallskarten für diese Einstellung aufgezeichnet.

Beim Aufwand steigt der Mittelwert von 41,75% bei den Referenzkarten auf 45,23% bei den Zufallskarten an. Darüber hinaus nimmt auch der Median zu - sein Wert vergrößert sich von 20,45% auf 29,2%, was eine Differenz von 8,75% ausmacht. Beim Vergleich des 99,5%-Quantils ergibt sich ebenfalls eine Verschlechterung: so liegen 99,5% der Stichproben unterhalb von 174,3% bei den Referenzkarten und 237,49% bei den Zufallskarten. Dies ergibt somit einen Unterschied von 63,19%.

Die Zielgröße $\Delta SojournTime\%$ nimmt ebenfalls zu; der Mittelwert der zusätzlichen Durchlaufzeit steigt um 6,87 Prozentpunkte von 13,5% auf 20,37%, der Median von 4,5% auf 13,4%, also um 8,9%. Bei der Analyse des 99,5%-Quantils lässt sich eine Vergrößerung des Wertes von 84,5% auf 118,89% erkennen, was einer Zunahme von 34,48% entspricht.

Die betrachtete Kombination der Steuergrößen für Robustheit und Qualität liefert also schlechtere Ergebnisse als die Kombination, die Robustheit und Aufwand optimiert. So verschlechtern sich Mittelwert und Median bei den in diesem Abschnitt betrachteten Werten um bis zu 8,75% beim Aufwand und 8,9% bei der Qualität. Das 99,5%-Quartil zeigt ebenfalls eine Verschlechterung beim Aufwand (63,19%) und im Gegensatz zum anderen Einstellungstupel auch keine Verbesserung bei der Qualität, da sich das Delta der Durchlaufzeit um 34,48% erhöht.

Die allgemeinen Aussagen über die Qualität lassen sich, mit Ausnahme der Robustheit, die nach wie vor bei 100% liegt, nicht auf Zufallskarten über-tragen, da sich eine klare Verschlechterung der Werte einstellt. Das bedeutet, dass die in Kapitel 8.2.2 gewählten Steuergrößeneinstellungen zwar für die Referenzkarten gültig sind, dies jedoch keinesfalls auf jede beliebige Karte zutreffen muss. Dies hat die Notwendigkeit zur Folge, dass für jedes Szenario die besten Steuergrößeneinstellungen individuell ermittelt werden müssen.

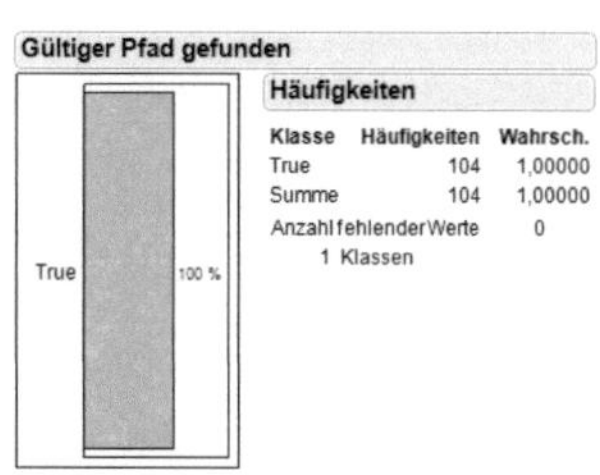

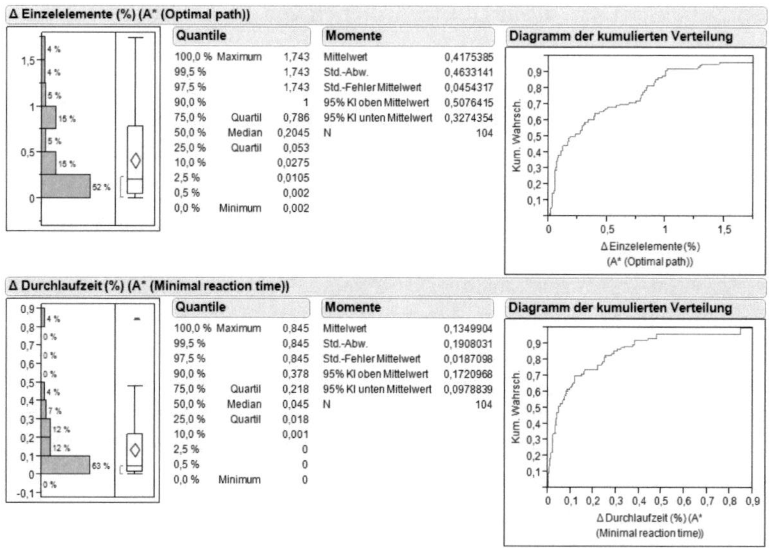

Abbildung 8.14.: dRandom: Zielgrößenverteilungen für optimale Einstellung [LR: 32 — LIR: 2 — CC: 4] - Robustheit und Qualität (Referenzkarten)

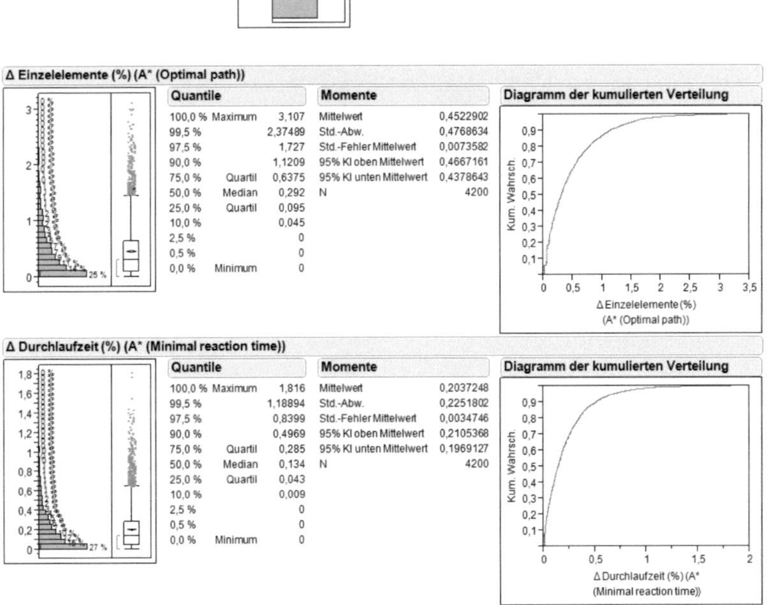

Abbildung 8.15.: dRandom: Zielgrößenverteilungen für optimale Einstellung [LR: 32 — LIR: 2 — CC: 4] - Robustheit und Qualität (Zufallskarten)

8.2.4. Fazit

Das dRandom Verfahren zeigt für die untersuchten Einstellungen annähernd proportional verlaufende Werte für Aufwand und Qualität. Eine höhere Qualität erfordert gleichzeitig einen höheren Aufwand bzw. geringerer Aufwand erlaubt nur eine geringere Qualität der Pfade. Durch die Auswertung der Simulationsdaten konnte gezeigt werden, dass im besten Fall Abweichungen vom Optimum von 36,75% beim Aufwand und 13,50% bei der Qualität erreicht werden können. Unabhängig davon hat die Robustheit immer einen Wert von 100%.

Hinsichtlich der Erweiterbarkeit der Gültigkeit der getroffenen Aussagen auf Zufallskarten wurde festgestellt, dass sich grundsätzlich alle betrachteten Werte (mit Ausnahme der Robustheit und des 99,5%-Quantils der Qualität beim Optimierungskriterium Robustheit/Aufwand) verschlechtern. Somit lassen sich die Aussagen, abgesehen von der Robustheit, nur eingeschränkt von den Referenzkarten auf die Zufallskarten übertragen.

Robustheit

dRandom findet in ausreichender Zeit immer eine Lösung. Daher hat die Robustheit für alle Faktoreinstellungen einen optimalen Wert von 100%. Das bedeutet, dass die Zielgröße nur durch den Faktor des Iterationslimits beeinflusst wird und unabhängig von Lasersichtweite, Laseridentifikationsweite und Richtungswechselkosten betrachtet werden kann. Darüber hinaus entspricht diese Erkenntnis - wie erwartet - den Ergebnissen der Untersuchung in Kapitel 6.2.4, wo festgestellt wurde, dass dRandom immer genau dann eine Lösung findet, wenn ein Pfad von der Quelle zur Senke existiert.

Jede erdenkliche Kombination aus LR, LIR und CC kommt als beste Faktoreinstellung in Frage. Aus diesem Grund ist es sinnvoll, je nach Bedarf jeweils eines der beiden anderen Kriterien - also Aufwand oder Qualität - zwecks Optimierung (Reduktion der Anzahl benötigter Einzelelemente beim Aufbau und Verminderung der Durchlaufzeit der Förderstrecke) in die Betrachtung mit einzubeziehen.

Aufwand

dRandom liefert für den Aufwand im Schnitt Ergebnisse von ca. 44% Abweichung vom Optimum, wobei im besten Fall nur knapp 37% zusätzliche Einzelelemente für den Aufbau der Förderstrecke benötigt werden. Diese Verschlechterung lässt sich dabei durch den zufallsbehafteten Charakter des Verfahrens erklären: vor jedem Hindernis wird mit 50:50-Wahrscheinlichkeit entweder links oder rechts ausgewichen. Sofern an dieser Stelle eine "falsche" Entscheidung getroffen wurde (wenn z.B. in eine Sackgasse weitergebaut wird), kann der Aufwand durch die erhöhte Anzahl nicht benötigter Einzelelemente z.T. erheblich ansteigen. Die Lasersichtweite hat den größten Einfluss auf den Aufwand (siehe Abb. 8.10). So nimmt dieser mit zunehmendem Sichtradius der Einzelelemente deutlich ab, da eine erhöhter Sichtradius eine bessere Planung der Förderstrecke ermöglicht. Da für dRandom die Unterscheidung zwischen Einzelelementen und Hindernissen irrelevant ist, ist die Steuergröße Laseridentifikationsweite an die Lasersichtweite gekoppelt und zeigt dadurch einen ähnlichen Verlauf hinsichtlich des Aufwands. Die Richtungswechselkosten spielen erst ab einem Wert von 2 eine Rolle, so dass sich - wie erwartet - mit zunehmenden Kosten ein Trend in Richtung höherer Zahl an zusätzlichen Einzelelementen erkennen lässt.

Der geringste Aufwand wurde mit der Faktoreinstellung [LR: 32 — LIR: 14 — CC: 0] und den Ergebnissen [Robustheit: 100% — Aufwand: 36,75% — Qualität: 19,52%] erzielt, wobei die erreichte Qualität über dem Durchschnitt liegt und damit schlechter ist.

Qualität

Der Bereich Qualität erzielt im Mittel Abweichungen von knapp 19% vom Optimum, wobei ein Minimum von ca. 14% durch dRandom erreicht werden kann. Dies lässt sich dadurch erklären, dass dRandom einmalig aufgebaute Teile der Förderstrecke (sofern nicht in eine Sackgasse gefahren wurde) nicht weiter optimiert, selbst wenn ein Umbau/Rückbau eine Verbesserung der Qualität zur Folge hätte. Des Weiteren können auch schlecht getroffene Entscheidungen bzgl. der Ausweich-Richtung vor Hindernissen die Qualität negativ beeinflussen.

Die Lasersichtweite hat den größten Effekt auf die Qualität (siehe Abb. 8.10). Der Verlauf der Kurve bei der Laseridentifikationsweite ist mit dem der Lasersichtweite vergleichbar, wenn auch stark gestaucht. Bei den Richtungswechselkosten ergibt sich die Schwierigkeit, dass die Durchlaufzeiten stark von der Struktur der Karte und den vom Pfadplanungsalgorithmus A^* berechneten Pfaden abhängen, wodurch sich ein entsprechender Wert kaum vorhersagen lässt.

Die beste Qualität der Förderstrecke wurde mit der Steuergrößen-Einstellung [LR: 32 — LIR: 2 — CC: 4] und den Ergebnissen [Robustheit: 100% — Aufwand: 41,75% — Qualität: 13,50%] erzielt. Auch hier liegt der Wert des Aufwandes über dem Durchschnitt und ist damit schlechter.

9. Zusammenfassung

Motiviert durch immer kürzere Produktlebenszyklen und der damit steigenden Anforderung an die Wandlungsfähigkeiten von Produktions- und Logistiksystemen ist KARIS entstanden. KARIS ist ein kleinskaliges autonomes Fördertechniksystem, welches durch seine redundant einsetzbaren Einzelelemente verschiedene fördertechnische Aufgaben übernehmen kann. Die Anforderung der Wandlungsfähigkeit beinhaltet u.a. einen schnellen Aufbau bzw. Umbau eines solchen Systems. Dies erfordert, dass mehr Funktionalität bzw. Intelligenz in die einzelnen Fördermodule gelegt wird, um somit auf zentrale Steuerungsinstanzen verzichten zu können. KARIS verzichtet genau auf diese zentralen Strukturen.

Die Möglichkeit, den Aufbau einer Förderstrecke durch KARIS Einzelelemente vollständig dezentral gesteuert durchzuführen, war Bestandteil dieser Arbeit. Hierzu war es nötig, die eigentliche Problemstellung (siehe Kapitel 3) erstmals exakt zu erfassen, um darauf aufbauend Lösungsideen zu entwickeln und deren Funktion analytisch korrekt zu beschreiben. Daraus ergaben sich drei prinzipielle Fragestellungen, die im Laufe der Arbeit beantwortet wurden.

Die erste Fragestellung lautete, *"Kann ein dezentrales Verfahren einen Stetigcluster (Förderstrecke) aufbauen?"*, ist es also überhaupt möglich, ein Verfahren zu finden, welches vollständig dezentral eine Förderstrecke aufbauen kann. In Kapitel 5 wurde hierzu eine Klassifizierung von Verfahren eingeführt, nach drei prinzipiellen Vorgehensweisen: 1. Progressive Algorithmen versuchen den Aufbau einer Förderstrecke mit ihrem lokalen Wissen von Anfang an direkt aufzubauen. Sie akzeptieren hierbei eine nicht optimale Lösung, im Gegenzug wird keine Zeit für eine Erkundungsphase "verschwendet". 2. Erkundungsalgorithmen hingegen verschaffen sich erst das vollständige Wissen (Erkundungsphase) und können basierend auf Standardverfahren (z.B. A*) immer eine optimale Lösung finden. 3. Gerichtete Erkundungsalgorithmen hingegen beschränken sich auf die Erkundung zwischen Quelle und Senke. Auf einer partiell erkundeten Karte ist es jedoch nicht notwendigerweise ersichtlich, ob ein gefundener Pfad der optimale Pfad ist.

Basierend auf existierenden Algorithmen zur Wegsuche, der Erkundung und des progressiven Verhaltens (Kapitel 4) wurden zwei Verfahren mit unterschiedlichen Ansätzen entwickelt. Bei beiden Verfahren handelt es sich um Mischverfahren, die jeweils Teile der vorgestellten Klassen vereinen. Partial Build on Directed Exploration (BonE, Kapitel 6.1) kombiniert die gerichtete Erkundung (Kapitel 5.3) mit einem progressiven Aufbau (Kapitel 5.1). Ziel ist es, bereits während der Erkundungsphase Teile der Förderstrecke aufzubauen. Hierbei wird in Kauf genommen, dass Teile rückgebaut werden und nicht zwingend die optimale Lösung gefunden wird. Directed Random (dRandom, Kapitel 6.2) ist primär den Progressiven Algorithmen zuzuordnen, wobei Teile einer Gerichteten Erkundung verwendet werden. Basis für den progressiven Aufbau liefert hierbei Probabilistic Left or Right (Kapitel 4.3.2) als Entscheidungsfunktion beim Auftreten unbekannter Objekte. Durch die zwei entwickelten Verfahren konnte also gezeigt werden, dass es Verfahren gibt die einen dezentralen Aufbau einer Förderstrecke aus Einzelelementen zulassen.

Die zweite Fragestellung lautete, *"Kann ein dezentrales Verfahren immer eine Lösung finden, falls eine solche existiert?"*. Kann also eine Folge von Aktionen $\pi = \{a_1, \ldots, a_n\}$ mit $a_i = (\ldots, ea_{ee_i}, \ldots)$ und $ea_{ee_i} \in E\mathcal{A}$ gefunden werden, so dass nach einer endlichen Anzahl an Zustandsübergängen eine Förderstrecke zwischen q (Quelle) und s (Senke) aufgebaut wurde. Wie bereits gezeigt gibt es Verfahren die eine Förderstrecke aus KARIS Einzelelementen aufbauen können. Um zu zeigen, dass es auch Verfahren gibt, die immer eine Lösung finden, falls eine solche existiert, wurde sowohl für BonE wie dRandom in Kapitel 6.1.4 und Kapitel 6.2.4 die Allgemeingültigkeit der Verfahren formal gezeigt.

Die dritte Fragestellung lautete, "*Wie gut ist eine dezentral gefundene Lösung im Vergleich zu der optimalen, zentral gefundenen Lösung?*". Zur Beantwortung dieser Frage wurde eine Simulationsumgebung und ein Simulationsmodell entwickelt. Im weiteren Schritt musste geklärt werden, wie man in diesem Zusammenhang "Optimum" versteht: ist es der kürzeste Weg, die geringste Zeit oder vielleicht die Anzahl der geringsten Rückbauten? Hierzu wurden in Kapitel 7.2.4 drei Leistungsbereiche für die Zielgrößen bestimmt: Robustheit, Aufwand und Qualität. Für alle drei Bereiche wurde jeweils die Kennzahl ermittelt die aus technischer und logistischer Sicht die einzelnen Bereiche am besten beschreibt. So wird Robustheit durch *ValidPathFound* repräsentiert, die eine Aussage darüber liefert ob in einem Versuch eine Förderstrecke aufgebaut werden konnte. Aufwand wird durch $\Delta Elements\%$, welches die Anzahl an eingesetzten Einzelelementen beschreibt und Qualität wird durch $\Delta SojournTime\%$ beschrieben. Die im Anschluss folgenden Versuche wurden nach dem in Kapitel 7.3 beschriebenen Versuchsplan durchgeführt. Hierbei war die besondere Herausforderung aussagekräftige Testkarten zu entwickeln.

Beim BonE Verfahren zeigte sich, dass die Leistungsbereiche Aufwand und Qualität strikt gegenläufige Ziele sind, für die kein Kompromiss gefunden werden kann. Beim Aufwand konnte weiterhin gezeigt werden, dass man bei der richtigen Parametrierung bis auf 18,34% an die optimale Lösung herankommt. Bei der Qualität konnte sogar gezeigt werden, dass es nur eine Abweichung von 0,27% vom Optimum gab. Das primär progressive Verfahren dRandom zeigt etwas schlechtere Ergebnisse hinsichtlich der Abweichungen vom Optimum beim Aufwand (+36,75%) und bei der Qualität (+13,50%). Bei beiden Verfahren bestätigte sich die Vermutung, dass eine höhere Qualität auch einen höheren Aufwand erfordert und umgekehrt, was auch beim Vergleich zentraler Lösungen zu beobachten ist. Ebenso wurde die zuvor durchgeführte Beweisführung bzgl. der Robustheit eines Algorithmus in den Ergebnissen bestätigt (Kapitel 8.1.4 bzw. Kapitel 8.2.4).
Betrachtet man nun den Aufwand der notwendig ist, um in der Realität eine zentral bestimmte Lösung zu finden, z.B. Anzahl an Sensoren zur Erlangung einer globalen Sicht, so können dezentrale Verfahren trotz ihres etwas schlechteren Abschneidens in Qualität und Aufwand in der

Realität günstigere Gesamtkosten erzielen. In der Realität wird es z.B. nahezu unmöglich bzw. preislich nicht vertretbar sein, einen kompletten Bereich in Echtzeit zu überwachen.

Im Laufe der Arbeit haben sich weiterführende Fragestellungen ergeben. So konnte geklärt werden, wie der reine Aufbau einer Förderstrecke abläuft. Bei der Entwicklung der vorgestellten Verfahren zeigte sich, dass die dezentral verteilte Koordination der Wegfindung der einzelnen Elemente hin zu ihrem Platz auf der Förderstrecke eine ebenso interessante Fragestellung ist. Bei der Entwicklung der Versuchskarten hat sich gezeigt, dass es bis heute keinen sinnvollen Ansatz gibt, um die Schwere solcher Umgebungskarten zu bestimmen. Um eine weitere Aussage der realen Kosten bzw. Kostenunterschiede zwischen zentralen und dezentralen Systemen zu zeigen, fehlt heute noch ein Verfahren zur quantitativen Gegenüberstellung solcher Systeme. In einem nächsten Schritt können die vorgestellten Verfahren von der Simulation in die Praxis überführt werden, um somit ihre Praxistauglichkeit zu bewerten.

Literatur

Arkin, R. C. (1999). *Behavior-based Robotics*. Cambridge, MA: MIT Press.

Ashton, K. (2009). That 'Internet of Things' Thing. *RFID Journal*.

Baur, T. (2008). Vorrichtung mit Hub- und Fahrantrieb. Patent: DE 10 2008 024 607 A1.

Baur, T., F. Schönung, T. Stoll und K. Furmans (2008). Formationsfahrt von mobilen, autonomen und kooperierenden Materialflusselementen zum Transport eines Ladungsträgers. *Wissenschaftlichen Gesellschaft für Technische Logistik e. V. 4. Fachkolloquium*, S. 9.

Borenstein, J. und Y. Koren (1991). The vector field histogram-fast obstacle avoidance for mobile robots. *7*(3), S. 278–288.

Bullinger, H.-J. und M. ten Hompel (Hrsg.) (2007). *Internet der Dinge: Selbststeuernde Objekte und selbstorganisierende Systeme*. Berlin: Springer.

Burgard, W., M. Moors, C. Stachniss und F. E. Schneider (2005). Coordinated multi-robot exploration. *21*(3), S. 376–386.

Cormen, Leiserson, Rivest und Stein (2004). *Algorithmen - eine Einführung*. Oldenbourg.

Czichos, H. und M. Hennecke (Hrsg.) (2008). *HÜTTE – Das Ingenieurwissen* (33. Aufl.). Berlin: Springer.

DIN EN ISO 9000:2005 (2005, 12). *Qualitätsmanagementsysteme - Grundlagen und Begriffe; Dreisprachige Fassung EN ISO 9000:2005*. DIN Deutsches Institut für Normung e. V., Normenausschuss Qualitätsmanagement, Statistik und Zertifizierungsgrundlagen (NQSZ). Norm.

Furmans, K., M. Schleyer und F. Schönung (2008). A Case for Material Handling Systems, Specialized on Handling Small Quantities. In: *International Material Handling Research Colloquium*.

Furmans, K., F. Schönung und K. R. Gue (2009). PLUG-AND-

WORK MATERIAL HANDLING SYSTEMS. In: *International Material Handling Research Colloquium*.

Furmans, K., T. Stoll, F. Schönung und H. Hippenmeyer (2009). KARIS - dezentral gesteuert. *Hebezeuge und Fördermittel 49*, S. 304–306.

Günthner, W. (2000). Verbundforschungsprojekt MATVAR - Wege zum wandelbaren Materialflussnetz. *Hebezeuge und Fördermittel, Berlin 40*, S. 267f.

Guizzo, E. (2008). Three engineers, hundreds of robots, one warehouse. *IEEE Spectrum 45*.

Hart, P. E., N. J. Nilsson und B. Raphael (1968). A Formal Basis for the Heuristic Determination of Minimum Cost Paths. *4* (2), S. 100–107.

Hutchison, D., J. Branke, K. Deb, T. Kanade, J. Kittler, J. M. Kleinberg, F. Mattern, K. Miettinen, J. C. Mitchell, M. Naor, C. Nierstrasz, Oscar andPanduRangan, R. Slowinski, B. Steffen, M. Sudan, D. Terzopoulos, D. Tygar, M. Y. Vardi und G. Weikum (2008). *Multiobjective Optimization : Interactive and Evolutionary Approaches*. Lecture Notes in Computer Science ; 5252. Berlin, Heidelberg: Springer.

Jones, M. (2009). *Artificial intelligence : a systems appraoch*. Sudbury Mass.: Jones and Bartlett Publishers.

Khatib, O. (1986, April). Real-time obstacle avoidance for manipulators and mobile robots. *Int. J. Rob. Res. 5*, S. 90–98.

Kleppmann, W. (2006). *Taschenbuch Versuchsplanung : Produkte und Prozesse optimieren* (4., überarb. Aufl.). Praxisreihe Qualitätswissen. München: Hanser.

Koenig, S. und M. Likhachev (2002a). D* Lite. In: S. Koenig und M. Likhachev (Hrsg.), *Proceedings of the AAAI Conference of Artificial Intelligence (AAAI), 476-483*.

Koenig, S. und M. Likhachev (2002b). Incremental A*. In: *In Proceedings of the Neural Information Processing Systems*. MIT Press.

Koenig, S., M. Likhachev und D. Furcy (2004, May). Lifelong planning A*. *Artificial Intelligence 155*, S. 93–146.

Korf, R. E. (1985). Depth-first Iterative-Deepening: An Optimal Admissible Tree Search. *Artificial Intelligence 27*, S. 97–109.

Koryakovskiy, I., N. X. Hoai und K. M. Lee (2009). A genetic algorithm with local map for path planning in dynamic environments. In: *Proceedings of the 11th Annual conference on Genetic and evolutionary computation*, New York, NY, USA, S. 1859–1860. ACM.

LaValle, S. M. (2006). *Planning Algorithms*. Cambridge, U.K.: Cambridge University Press. Available at http://planning.cs.uiuc.edu/.

Levi, P. und U. Rembold (2003). *Einführung in die Informatik für Naturwissenschaftler und Ingenieure* (4., aktualisierte und überarb. Aufl.). München: Hanser.

Liggesmeyer, P. (2009). *Software-Qualität : Testen, Analysieren und Verifi zieren von Software* (2 Aufl.). Heidelberg: Spektrum Akademischer Verlag.

Lämmel, U. und J. Cleve (2008, Oktober). *Künstliche Intelligenz* (3., neu bearbeitete Auflage. Aufl.). Hanser Fachbuch.

Lumelsky, V. und A. Stepanov (1987). Path planning strategies for a point mobile automaton moving amidst unknown obstacles of arbitrary shape. *Algorithmica 2*, S. 403–430.

Madras, N. und G. Slade (1996). *The Self-Avoiding Walk* (Paperb. ed. Aufl.). Probability and its applications. Birkhäuser.

Matzka, J. (2011). *Discrete Time Analysis of Multi-Server Queueing Systems in Material Handling and Service*. Dissertation, Karlsruher Intstitut für Technologie.

Mayer, S. H. (2009). *Development of a completely decentralized control system for modular continuous conveyors*. Dissertation, Universität Karlsruhe (TH).

Möbius, Sven; Schmitz, A. (2009). Eine „BInE" die fährt, fördert, hebt und dreht. *Research to Business 1*, S. 8.

Minguez, J. und L. Montano (2004). Nearness Diagram (ND) Navigation: Collision Avoidance in Troublesome Scenarios. *IEEE Transactions on Robotics and Automation 20*, S. 45–59.

Overmeyer, Falkenberg, Heiserich und Jungk (2007). Innovative Gestaltung von Intralogistik durch Kopplung kleinskaliger Systeme. In: *Tagungsband 17. Deutscher Materialflusskongress*, S. 265–276.

Park, M. G., J. H. Jeon und M. C. Lee (2001). Obstacle avoidance for mobile robots using artificial potential field approach with simulated annealing. In: *Proc. IEEE Int. Symp. Industrial Electronics ISIE 2001*, Volume 3, S. 1530–1535.

Pei, Y., M. W. Mutka und N. Xi (2010). Coordinated multi-robot real-time exploration with connectivity and bandwidth awareness. In: *Robotics and Automation (ICRA), 2010 IEEE International Conference on*, S. 5460–5465.

Piazza, H.-M. (2010, June). 50 Prozent mehr Leistung. *FM das Logistik-Magazin 6*(6), S. 23.

Rao, N. S. V., S. S. Iyengar und G. deSaussure (1988). The visit problem: visibility graph-based solution. In: *Proc. Conf. IEEE Int Robotics and Automation*, S. 1650–1655.

Rooker, M. N. und A. Birk (2007). Multi-robot exploration under the constraints of wireless networking. *Control Engineering Practice 15*(4), S. 435 – 445.

Révész, P. (2005). *Random Walk In Random And Non-random Environments*. Singapore: World Scientific.

Siebertz, K., D. van Bebber und T. Hochkirchen (2010). *Statistische Versuchsplanung*. VDI-Buch. Berlin, Heidelberg: Springer.

Stentz, A. (1994). Optimal and efficient path planning for partially-known environments. In: *Proc. Conf. IEEE Int Robotics and Automation*, S. 3310–3317.

Stoll, T., K. Furmans, F. Schönung und S. Mayer (2008). Dezentral gesteuerte Materialförderung. Patent: DE 10 2008 059 529 A1.

Wöhe, G. und U. Döring (2005). *Einführung in die Allgemeine Betriebswirtschaftslehre*, Volume 22. Berlin / Frankfurt/M: Verlag Franz Vahlen.

Yamauchi, B. (1997). A Frontier-Based Approach for Autonomous Exploration. In: *In Proceedings of the IEEE International Symposium on Computational Intelligence, Robotics and Automation*, S. 146–151.

Yamauchi, B. (1998). Frontier-based exploration using multiple robots. In: *AGENTS '98: Proceedings of the second international conference on Autonomous agents*, New York, NY, USA, S. 47–53. ACM.

Yang, A., Q. Niu, W. Zhao, K. Li und G. Irwin (2010). An Efficient Algorithm for Grid-Based Robotic Path Planning Based on Priority Sorting of Direction Vectors. In: *Life System Modeling and Intelligent Computing*, Volume 6329 of *Lecture Notes in Computer Science*, S. 456–466. Springer Berlin / Heidelberg.

Abkürzungsverzeichnis

$\mathcal{A}$	Aktionenraum
$\mathcal{K}$	Karte
$\mathcal{Z}$	Menge aller Zustände
Φ	KARIS Umgebungen
π	Aktionsfolge
ψ	Zustandsübergangsfunktion
τ	Entscheidungsfunktion
θ	Abbildungsfunktion
a	Aktion
BF	Menge aller befahrbaren Felder
bf	befahrbares Feld
C	Allgemeine Kostenfunktion
c	Kostenfunktion
c_S	Strafkostenfunktion
DH	Menge aller Dynamische Hindernisse
dh	Dynamisches Hindernis
DNF_f	Menge aller direkten Nachbarfelder von f
$E\mathcal{A}$	Menge aller Einzelaktionen
ea	Einzelaktion
EE	Menge aller Einzelelemente
ee	Einzelelement
f	Feld
$G\mathcal{A}$	Menge aller gültigen Aktionen
NBF	Menge aller nicht befahrbaren Felder
nbf	nicht befahrbares Feld
nf	Nachbarfeld
NF_f	Menge aller Nachbarfelder von f
O	Menge aller Objekte
o	Objekt
P	Pfad
p	Feld eines Pfades
Q	Menge aller Quellen

q	Quelle
S	Menge aller Senken
s	Senke
SH	Menge aller Statische Hindernisse
sh	Statisches Hindernis
SO	Menge aller statischen Objekte
z	Zustand
EA	Erkundungsalgorithmen
EE	Einzelelement
GEA	Gerichtete Erkundungsalgorithmen
PA	Progressive Algorithmen
SC	Stetigcluster
UC	Unstetigcluster

A. Anhang

A.1. Einteilung der Hindernisse in Klassen

Nachfolgende werden für die unterschiedlichen Hindernisklasse typische Größen und typischen Hindernistypen beschrieben.

Hindernisklasse 1

In der Hindernisklasse 1 sind Hindernisse erfasst die nicht dafür bestimmt sind die Position zu verändern. Es handelt sich oft um fest installierte Gegenstände, die nur unter großem Aufwand verändert werden können.

Hindernistyp	Real [m²]	Simulation [Felder]	Bemerkung
Palettenregal	2x10 = 20	4x20 = 80	2,5 mal Palettentiefe, Regalgang = 1,5m breit für RBG
Kleinteilelager (Regal)	1x5 = 5	2x10 = 20	Regalgang = 1,5m breit für manuelle Entnahme
Blocklager		6x6 = 36	z.B. 9 Paletten = Ein Blocklager
Maschine klein	3x1,5 = 4,5	6x3 = 18	z.B. Fräsmaschine, Bohrmaschine, ..
Maschine groß	6x3 = 18	12x6 = 72	z.B. Presse, ...
Stetigförderer	1x?	2x?	Länge variabel
Büro	5x5 = 25	10x10 = 100	
Werkbank, Tisch	2x1,5 = 3	4x3 = 12	
Warenaufzug	1x1 bis 3x3 = 9	2x2 bis 6x6	Größen unterschiedlich, nutzungsabhängig
Pfosten, Mülleimer,...	0,5x0,5 = 0,25	1x1	

Tabelle A.1.: Typische Hindernisse der Klasse 3

Hindernisklasse 2

In der Hindernisklasse 2 sind Hindernisse erfasst die Ihre Position ständig verändern können und in direkte Interaktion mit Einzelelementen treten können.

Hindernistyp	Real [m²]	Simulation [Felder]	Bemerkung
Kleine Fördermittel	1,5x1 = 1,5	3x2 = 6	Leiterwagen, Hubwagen, Kommissionierwagen, Einsortierhilfe, Leiter, etc.
Große Fördermittel	1,5x2,5 = 3,750	3x5 = 15	Gabelstapler, Ameise, etc.
Personen	0,5x0,5 = 0,25	1x1 = 1	

Tabelle A.2.: Typische Hindernisse der Klasse 2

Hindernisklasse 3

In der Hindernisklasse 3 sind Hindernisse erfasst, die ihre Position verändern können, jedoch einen Großteil ihrer Zeit nicht bewegt werden.

Hindernistyp	Real [m²]	Simulation [Felder]	Bemerkung
Karton	0,4x0,3 / 0,4x0,6	1x1 = 1	Normverpackung N4 bzw. N5 angenähert
Kleinladungsträger	0,2x0,3 bis 0,4x06	1x1 = 1	Eurobehälter 200x300 bis 400x600
Europalette	1,2x0,8 = 0,96	2x2 = 4	Flächenverbrauch angenähert

Tabelle A.3.: Typische Hindernisse der Klasse 3

Gemessene Deckungsgrade der unterschiedlichen Klassen

Zur Ermittlung der realen Deckungsgrade in Lagern und Produktion wurden drei representative Bereich nach Hindernisklassen erfasst. Der Erfassungsbereich war auf ca. 200mm festgelegt, was dem Erfassungsbereich von KARIS entspricht. Somit wurden beispielsweise von Regalen nur die Stützpfosten bzw. bei Tischen nur die Beine erfasst. In der Simulation und bei den Versuchskarten wurde zur Vereinfachung die Draufsicht eines Lager verwendet. Dadurch ergab sich ein durchschnittlicher Deckungsgrad von 30%.

Klasse	Firma KN [m²]	[%]	Firma SE [m²]	[%]	Firma SI [m²]	[%]
Gesamtfläche	**1470,00**		**4000,00**		**2500,00**	
Klasse 1	12,58	0,86%	82,87	2,07%	80,59	3,22%
Klasse 2	4,38	0,30%	95,70	2,39%	78,67	3,15%
Klasse 3	181,77	12,37%	590,77	14,77%	258,65	10,35%
Gesamt-dekungsgrad	**198,73**	**13,52%**	**769,34**	**19,23%**	**417,91**	**16,72%**

Tabelle A.4.: Gemessene Deckungsgrade der unterschiedlichen Klassen

A.2. Referenzkarten

Hindernisklassen

Gruppe:	1. Hindernisklassen
Name:	11 - Klasse 1, Random
Beschreibung:	Standardkarte mit großen Hindernissen, Deckungsgrad 30%
Begründung:	Messung des Einflusses von großen Hindernissen auf das Verhalten der Algorithmen
Größe:	40 x 40
Q-S-E Position:	Q20,1 S20,40 E21,1
Deckungsgrad:	30%
Hindernisklassen:	1

Gruppe:	1. Hindernisklassen
Name:	12 - Klasse 2, Random
Beschreibung:	Standardkarte mit mittelgroßen Hindernissen, Deckungsgrad 30%
Begründung:	Messung des Einflusses von mittelgroßen Hindernissen auf das Pluginverhalten
Größe:	40 x 40
Q-S-E Position:	Q20,1 S20,40 E21,1
Deckungsgrad:	30%
Hindernisklassen:	2

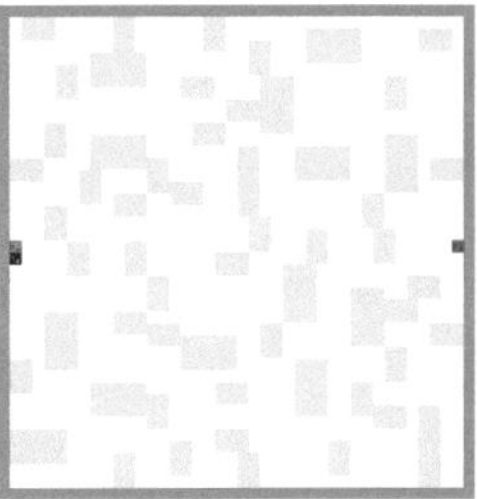

Gruppe:	1. Hindernisklassen
Name:	13 - Klasse 3, Random
Beschreibung:	Standardkarte mit kleinen Hindernissen, Deckungsgrad 30%
Begründung:	Messung des Einflusses von kleinen Hindernissen auf das Pluginverhalten
Größe:	40 x 40
Q-S-E Position:	Q20,1 S20,40 E21,1
Deckungsgrad:	30%
Hindernisklassen:	3

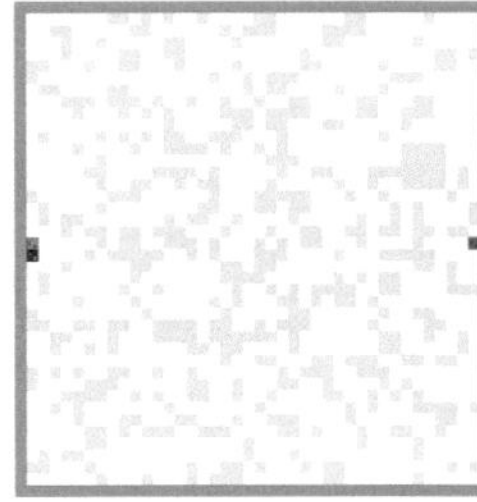

Gruppe:	1. Hindernisklassen	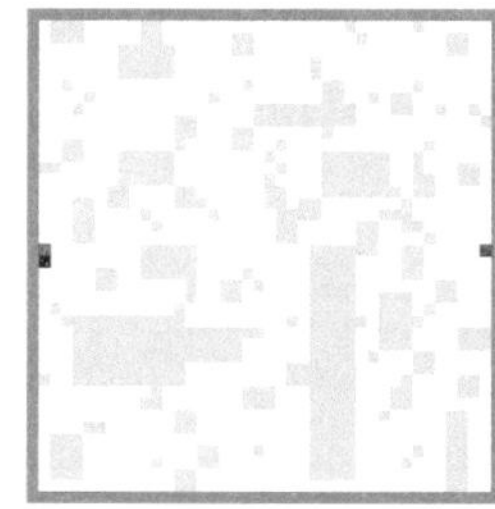
Name:	14 - Alle Klassen, Random	
Beschreibung:	Standardkarte mit allen Hindernis-klassen, Deckungsgrad 30%	
Begründung:	Messung des Einflusses von Hindernissen verschiedener Größe auf das Pluginverhalten	
Größe:	40 x 40	
Q-S-E Position:	Q20,1 S20,40 E21,1	
Deckungsgrad:	30%	
Hindernisklassen:	1, 2, 3	

Deckungsgrade

Gruppe:	2. Deckungsgrade	
Name:	21 - Density0	
Beschreibung:	Leere Standardkarte, Deckungsgrad 0%	
Begründung:	Grundsätzlicher Funktionstest eines Plugins.	
Größe:	40 x 40	
Q-S-E Position:	Q20,1 S20,40 E21,1	
Deckungsgrad:	0%	
Hindernisklassen:	n.d.	

Gruppe:	2. Deckungsgrade	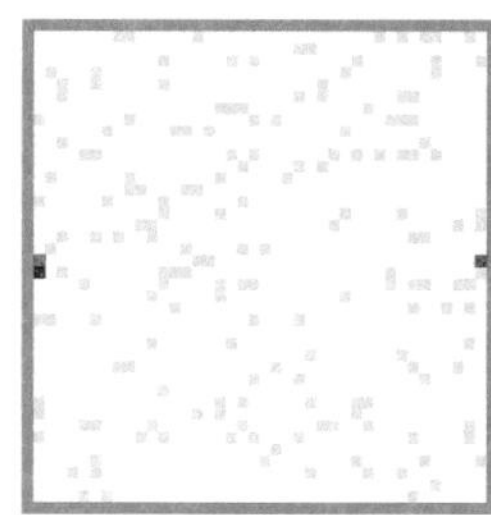
Name:	22 - Density10	
Beschreibung:	Standardkarte mit zufällig verteilten Objekten, Deckungsgrad 10%	
Begründung:	Messung des Einflusses eines geringen Deckungsgrades	
Größe:	40 x 40	
Q-S-E Position:	Q20,1 S20,40 E21,1	
Deckungsgrad:	10%	
Hindernisklassen:	n.d.	

Gruppe:	2. Deckungsgrade
Name:	23 - Density25
Beschreibung:	Standardkarte mit zufällig verteilten Objekten, Deckungsgrad 25%
Begründung:	Messung des Einflusses eines leicht unterdurchschnittlichen Deckungsgrades
Größe:	40 x 40
Q-S-E Position:	Q20,1 S20,40 E21,1
Deckungsgrad:	25%
Hindernisklassen:	n.d.

Gruppe:	2. Deckungsgrade
Name:	24 - Density50
Beschreibung:	Standardkarte mit zufällig verteilten Objekten, Deckungsgrad 50%
Begründung:	Messung des Einflusses eines hohen Deckungsgrades
Größe:	40 x 40
Q-S-E Position:	Q20,1 S20,40 E21,1
Deckungsgrad:	50%
Hindernisklassen:	n.d.

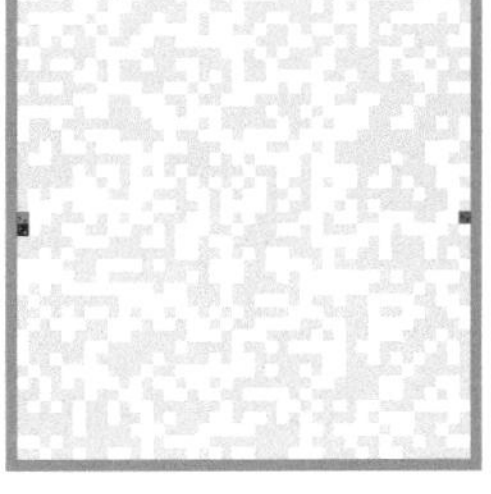

Spezielle Eigenschaften

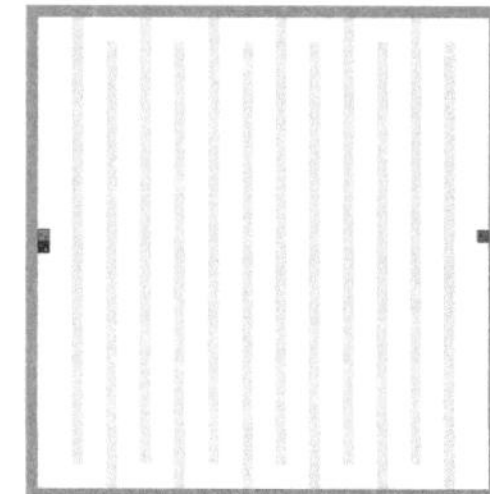

Gruppe:	3. Spezielle Eigenschaften
Name:	31 - Maximale Distanz
Beschreibung:	Standardkarte, horizontal mäanderförmig angeordnete Hindernisse, längster Weg, einfacher Pfad
Begründung:	Testet Planungsfähigkeit des Algorithmus für lange Pfade bei einfacher Streckenführung
Größe:	40 x 40
Q-S-E Position:	Q20,1 S20,40 E21,1
Deckungsgrad:	28,625%
Hindernisklassen:	n.d.

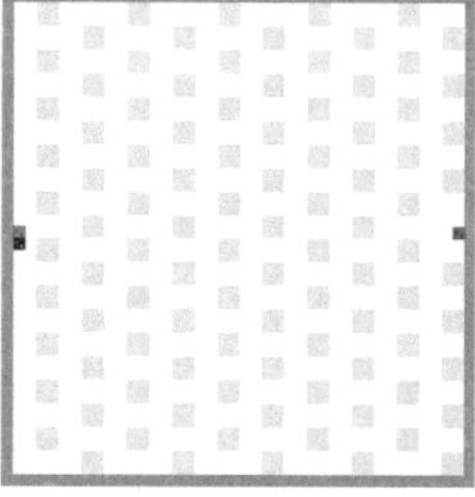

Gruppe:	3. Spezielle Eigenschaften
Name:	32 - Minimale Sicht 1
Beschreibung:	Standardkarte, regelmäßig angeordnete Quadrate, kürzeste Sicht in Richtung der Senke
Begründung:	Testet Planungsverhalten eines Plugins bei stark eingeschränkter Sichtweite.
Größe:	40 x 40
Q-S-E Position:	Q20,1 S20,40 E21,1
Deckungsgrad:	24,875%
Hindernisklassen:	n.d.

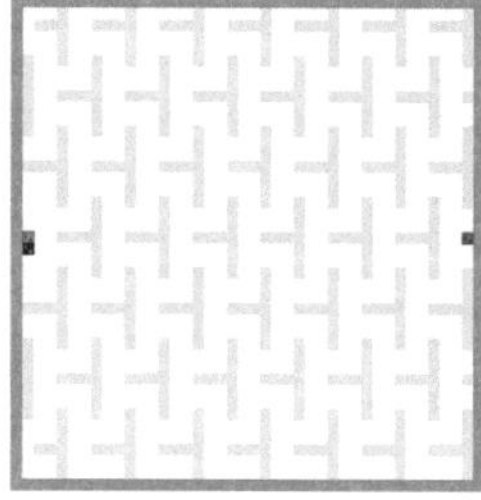

Gruppe:	3. Spezielle Eigenschaften
Name:	33 - Minimale Sicht 2
Beschreibung:	Standardkarte, regelmäßig angeordnete T-Objekte, kürzeste Sicht in alle Richtungen
Begründung:	Testet Planungsverhalten eines Plugins bei stark eingeschränkter Sichtweite.
Größe:	40 x 40
Q-S-E Position:	Q20,1 S20,40 E21,1
Deckungsgrad:	28,438%
Hindernisklassen:	n.d.

Gruppe:	3. Spezielle Eigenschaften
Name:	34 - MinView MaxDistance
Beschreibung:	Standardkarte, längster Weg mit großer Zahl von Richtungswechseln
Begründung:	Testet der Plugin-Fähigkeiten für sehr verwinkelte, lange Strecken.
Größe:	40 x 40
Q-S-E Position:	Q20,1 S20,40 E21,1
Deckungsgrad:	30,25%
Hindernisklassen:	n.d.

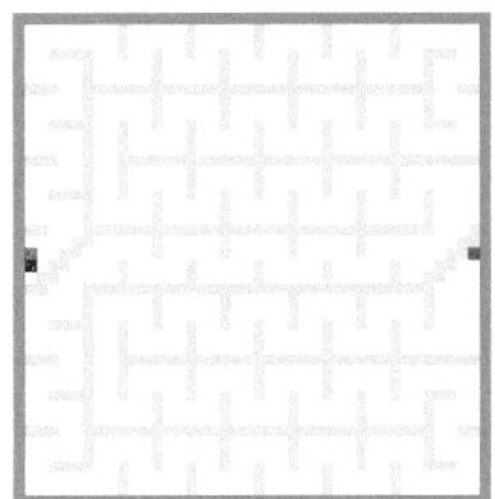

Gruppe:	3. Spezielle Eigenschaften
Name:	35 - Max Error
Beschreibung:	Standardkarte, hohe Zahl an Sackgassen
Begründung:	Testet das Plugin-Verhalten bei einer Karte, die hohe Fehlerzahlen produziert.
Größe:	40 x 40
Q-S-E Position:	Q20,1 S20,40 E21,1
Deckungsgrad:	42,25%
Hindernisklassen:	n.d.

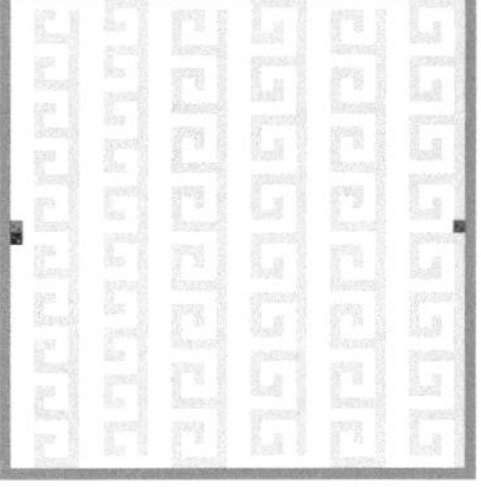

Gruppe:	3. Spezielle Eigenschaften
Name:	36 - Labyrinth
Beschreibung:	Standardkarte, Labyrinth mit einer Lösung, mittlere Distanz und Anzahl von Sackgassen
Begründung:	Testet Plugin-Verhalten in einem Labyrinth.
Größe:	40 x 40
Q-S-E Position:	Q20,1 S20,40 E21,1
Deckungsgrad:	30,063%
Hindernisklassen:	n.d.

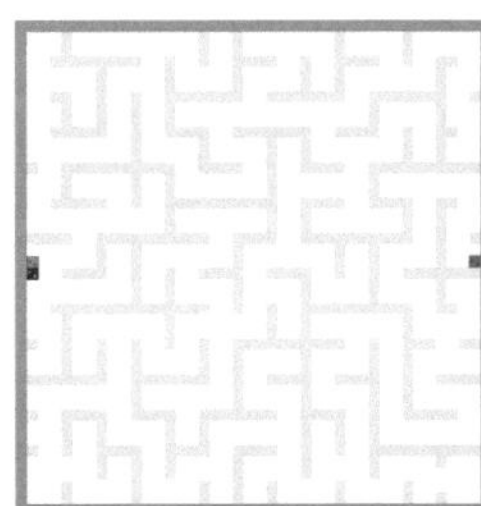

Spezielle Formen

Gruppe:	4. Spezielle Formen
Name:	41 - 1 Wall small
Beschreibung:	Standardkarte, eine Wand, zwei Wege, ein optimaler Pfad
Begründung:	Einfacher Test der Pfadoptimierung eines Plugins
Größe:	40 x 40
Q-S-E Position:	Q20,1 S20,40 E21,1
Deckungsgrad:	04,625%
Hindernisklassen:	n.d.

Gruppe:	4. Spezielle Formen
Name:	42 - 2 Walls
Beschreibung:	Standardkarte, zwei Wände, zwei Wege, ein optimaler Pfad
Begründung:	Test der Pfadoptimierung eines Plugins, der optimale Pfad ändert sich nach Erkundung der zweiten Wand. Mit dieser Karte soll das Verhalten des Algorithmus bei der Wahl eines lokalen Optimums getestet werden.
Größe:	40 x 40
Q-S-E Position:	Q20,1 S20,40 E21,1
Deckungsgrad:	09,125%
Hindernisklassen:	n.d.

Gruppe:	4. Spezielle Formen
Name:	43 - 3 Walls
Beschreibung:	Standardkarte, drei Wände, ein optimaler Pfad
Begründung:	Test der Pfadoptimierung eines Plugins, der optimale Pfad ändert sich nach Erkundung der zweiten Wand. Die dritte Wand verdeckt die Sicht auf das Ziel, weitere Planungsunsicherheit.
Größe:	40 x 40
Q-S-E Position:	Q20,1 S20,40 E21,1
Deckungsgrad:	13,625%
Hindernisklassen:	n.d.

Gruppe:	4. Spezielle Formen
Name:	44 - Vertical Lines
Beschreibung:	Standardkarte, fünf gleiche, große, vertikale Hindernisse, zwei Wege, ein optimaler Pfad
Begründung:	Testet das Plugin auf seine zielgerichtete Arbeitsweise
Größe:	40 x 40
Q-S-E Position:	Q20,1 S20,40 E21,1
Deckungsgrad:	42,625%
Hindernisklassen:	n.d.

Gruppe:	4. Spezielle Formen
Name:	45 - DeadEnds
Beschreibung:	Standardkarte, fünf gleiche, große, horizontale Hindernisse und ein vertikales Hindernis, vier Sackgassen. Zwei Wege, ein optimaler Pfad
Begründung:	Testet das Plugin bei gleichen Sackgassen. Verhalten bei wiederholter Fehlplanung.
Größe:	40 x 40
Q-S-E Position:	Q20,1 S20,40 E21,1
Deckungsgrad:	45,625%
Hindernisklassen:	n.d.

Gruppe:	4. Spezielle Formen
Name:	46 - ConcaveObjects
Beschreibung:	Standardkarte, verschiedene konkave Objekte
Begründung:	Hohe Anzahl von Fehlerquellen bei der Pfadplanung durch konkave Objekte. Test der Fehlertoleranz des Plugins.
Größe:	40 x 40
Q-S-E Position:	Q20,1 S20,40 E21,1
Deckungsgrad:	27,313%
Hindernisklassen:	n.d.

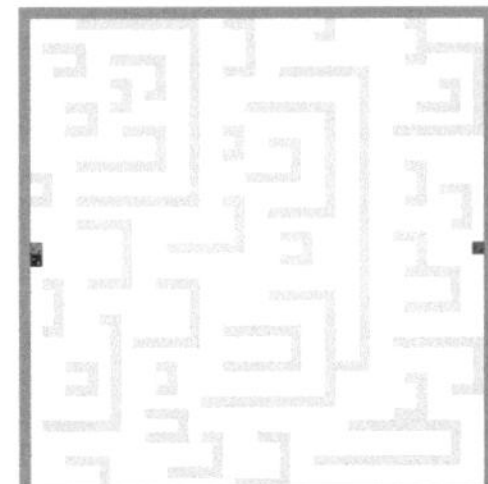

Prozesse

Gruppe:	5. DC-Prozesse
Name:	51 - Wareneingang
Beschreibung:	Standardkarte, Gestaltung eines Wareneingangs mit Entladezone, Wartebereich, Qualitätssicherung, Retoure, Zwischenlagerung. Aufgabe: Entladen
Begründung:	Darstellung eines realistischen Szenarios für KARIS
Größe:	40 x 40
Q-S-E Position:	Q20,1 S20,40 E21,1
Deckungsgrad:	33,5%
Hindernisklassen:	1, 2, 3

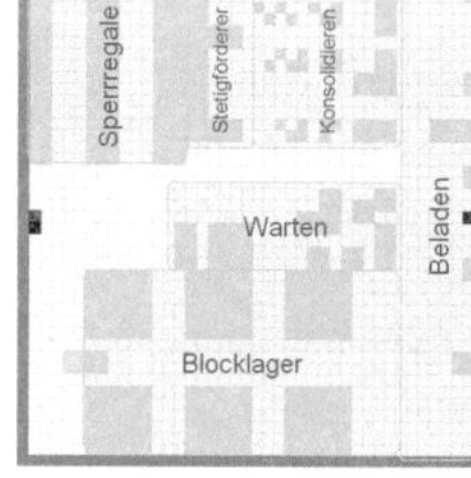

Gruppe:	5. DC-Prozesse
Name:	52 - Warenausgang
Beschreibung:	Standardkarte, Gestaltung eines Warenausgangs. Aufgabe: Laden
Begründung:	Darstellung eines realistischen Szenarios für KARIS
Größe:	40 x 40
Q-S-E Position:	Q20,1 S20,40 E21,1
Deckungsgrad:	32,125%
Hindernisklassen:	1, 2, 3

Gruppe:	5. DC-Prozesse
Name:	53 - Lagern&Kommissionieren
Beschreibung:	Standardkarte, Gestaltung eines Lagers mit Einlagerung, verschiedenen Kommissionierkonzepten und Konsolidierungsbereich. Aufgabe: Auslagern
Begründung:	Darstellung eines realistischen Szenarios für KARIS
Größe:	40 x 40
Q-S-E Position:	Q20,1 S20,40 E21,1
Deckungsgrad:	39,5%
Hindernisklassen:	1, 2, 3

Gruppe:	5. DC-Prozesse
Name:	54 - Packen&Konsolidieren
Beschreibung:	Standardkarte, Manuelle Auslagerung, Konsolidierung, Verpackung. Aufgabe: Auslagern, Verpacken überspringen
Begründung:	Darstellung eines realistischen Szenarios für KARIS
Größe:	40 x 40
Q-S-E Position:	Q20,1 S20,40 E21,1
Deckungsgrad:	21,25%
Hindernisklassen:	1, 2, 3

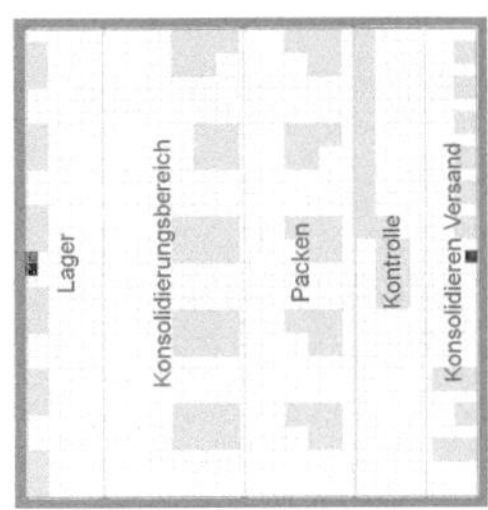

Gruppe:	5. DC-Prozesse
Name:	55 - VA Produktion
Beschreibung:	Standardkarte, Gestaltung eines Value Added Bereich, Produktion. Aufgabe: Add Value
Begründung:	Darstellung eines realistischen Szenarios für KARIS
Größe:	40 x 40
Q-S-E Position:	Q20,1 S20,40 E21,1
Deckungsgrad:	33,125%
Hindernisklassen:	1, 2, 3

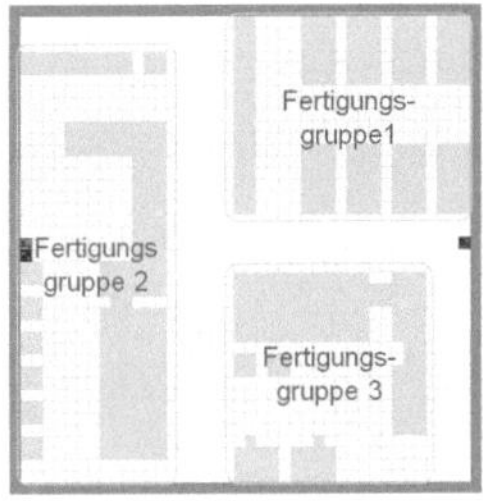

Gruppe:	5. DC-Prozesse
Name:	56 - VA Fliessband
Beschreibung:	Standardkarte, Gestaltung eines Value Added Bereich, Fließbandfertigung. Aufgabe: Materialnachfüllung
Begründung:	Darstellung eines realistischen Szenarios für KARIS
Größe:	40 x 40
Q-S-E Position:	Q20,1 S20,40 E21,1
Deckungsgrad:	29,375%
Hindernisklassen:	1, 2, 3

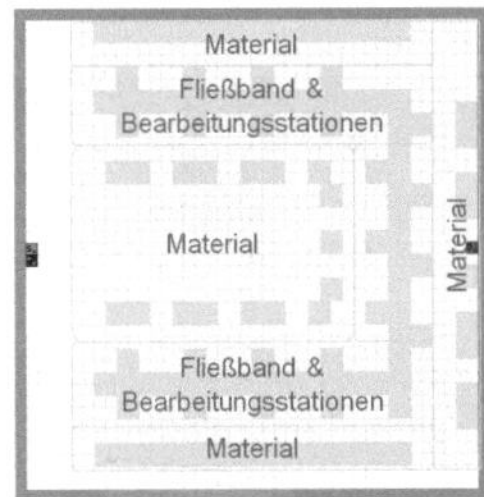